チューリップよもやま話

木村敬助

西田書店

扉の図版はゲスナーの著作『ドイツの植物園』
1561年より（詳しくは 53 ページ参照）

目　次

■ I ．チューリップがヨーロッパの園芸界に登場したころの話　　9

1 話 ．トルコからヨーロッパにチューリップを紹介したブスベック　10

2 話 ．世界で最初にチューリップを学術的に記載したゲスナー　12

3 話 ．オランダのチューリップ普及に貢献したクルシウス　14

4 話 ．16 世紀半ばヘルヴァルト氏の庭に咲いたチューリップ　16

5 話 ．世界初の経済投機・チューリップ狂時代　18

6 話 ．リンネ著『植物の種』に記載された 3 種のチューリップ　20

7 話 ．16 世紀半ばのイスラム社会におけるチューリップ　22

■ II ．日本にチューリップが渡来したころの話　　25

8 話 ．日本人によって初めて語られたチューリップ情報　26

9 話 ．岩崎常正は『本草図譜』で鬱金香をチュリパと記載　28

10 話 ．幕府洋書調所伊藤圭介の鬱金香はカンナに似た植物　30

11 話 ．幕府洋書調所物産方による初渡来チューリップの開花　32

12 話 ．チューリップを咲かせた高畠五郎と描いた間宮彦太郎　34

13 話 ．幕末の開花チューリップ画を保管の『海雲楼博物雑纂』　36

14 話 ．チューリップの和名「鬱金香」は中国伝来の名称か　38

15 話 ．伊藤圭介の『佛朗西毬根類目録』のこと　40

16 話 ．慶応元年に留学生津田真一郎が持ち帰ったオランダ産球根　42

17 話 ．長崎市史跡料亭「花月」の「春雨の間」天井画のチューリップ　44

■ III ．チューリップの野生種の話あれこれ　　47

18 話 ．チューリップの野生種の分布　48

19 話 ．人名や地名由来の多いチューリッパ属の種小名　52

20 話 ．多くのチューリップ原種を命名したレーゲルと日本の植物　54

21 話 ．レーゲル親子とアルバーティ種とレーゲリィ種　56

22 話 ．中央アジアのチューリップを研究した二人の教授　58

23 話 ．日本人をカザフスタンのチューリップ原生地に案内したアンナ博士　60

24 話 ．ゲスナーが描いた赤花チューリップはミシェリアナ種か　62

25話．原種シルベストリス種についての記憶　64

26話．「貴婦人のチューリップ」と珍重されたクルシアナ種　66

27話．育種資源として有効な3種の野生種　68

28話．アクミナタ種から生れるユリ咲き系チューリップ　70

29話．新種「塔城郁金香」の種小名は動物名由来　72

30話．フランスのサボア地方に咲くネオ・チューリップ　74

31話．チューリップはアマナ属ではない　76

32話．サクラソウ自生地「田島ヶ原」に咲くアマナ　78

33話．アマナの北限についての誤解　80

34話．アマナは絶滅の恐れはないのか　82

　〈追記1〉野生種の学名記載年と種小名の語源　84

IV．日本人画家の描いたチューリップ画の話あれこれ　91

35話．明治前期に腊葉のチューリップを描いた山本章夫　92

36話．明治40年に辻永が描いたチューリップ画　94

37話．平福百穂の「婦人の友」表紙絵のチューリップ画　96

38話．昭和の代表的品種ウイリアムピットを描いた小倉遊亀　98

39話．裸婦を描いて作品名「チューリップ」とした和田英作　100

40話．高村智恵子の紙絵のチューリップ　102

41話．戦時下にチューリップを描いた木下杢太郎　104

42話．藤田嗣治の「優美神」の花園に咲くチューリップ　106

43話．多くのチューリップモチーフ画を描いた小林古径　108

44話．焼失で幻となった横山操のチューリップ画　110

45話．二口善雄と大田愛洋の描いたチューリップ　112

46話．イスラム社会のチューリップを描いたのか・西村計雄　114

47話．いわさきちひろの「青いチューリップ」　116

48話．加倉井和夫の作品「晟庭」と「燁」のチューリップ　118

49話．草間彌生のチューリップモニュメント「幻の華」　120

50話．感動させられた鈴木美江の作品「咲く」　122

51話．銅版画家今田幸の作品「ふたり」　124

　〈追記2〉チューリップ画を描いた物故日本人画家　126

Ⅴ．チューリップ観光の話あれこれ　　131

52話．チューリップ観光の始りは戦前の新潟農園　132

53話．チューリップ咲く新潟遊園そして新潟市寺尾中央公園　134

54話．最北のチューリップ観光地・上湧別チューリップ公園　136

55話．国営昭和記念公園のチューリップ　138

56話．チューリップ観光の祭典・となみチューリップフェア　140

57話．ハウステンボスの花園　142

　〈追記3〉全国のチューリップ観光名所一覧　144

Ⅵ．チューリップよもやま話あれこれ　　147

58話．明治時代のチューリップの和名は鬱金香　148

59話．通販で始まった明治時代のチューリップ球根の流通　150

60話．「琵琶湖周航の歌」の原作曲者吉田千秋のテュリパ目録　154

61話．林脩巳講師と球根植物試験場そしてチューリップ品種目録　156

62話．日本で最初にチューリップ球根生産を成功させた小田喜平太　158

63話．チューリップ球根を輸出農産物に発展させた小山重　160

64話．新潟県の球根産地形成の苦労を語る座談会　162

65話．富山県の球根栽培の功労者水野豊造　164

66話．戦前の富山県のチューリップ事情を伝える『富山縣之園藝』　166

67話．チューリップのウイルスによる伝染病を発見した経緯　168

68話．戸越農園によるわが国初の促成栽培の成功　170

69話．戦後の混乱期に画家たちに球根を贈り続けた敦井栄吉　172

70話．現在も続く鬱金香と鬱金の混同のこと　174

71話．チューリップを新潟県と富山県の「郷土の花」に　176

72話．日本生まれの新品種あれこれ　178

73話．新潟市と東京都でチューリップを育てて思うこと　180

74話．チューリップと数字の「3」との意外な関係　182

75話．子供はなぜ好んでチューリップを描くのか　184

76話．童謡「チューリップ」など作詞の著作権争い　186

77話．「チューリップの歌」のこと　188

78話．暗闇栽培でも彩色で咲くチューリップ球根のパワー　190

79 話．花の資料文献の宝庫・岩佐園芸研究室　192

80 話．20 世紀に生まれたチューリップの名前誕生伝説　194

81 話．ダ・ヴィンチ「受胎告知画」の天使の足元に咲く花は？　196

82 話．文化誌を読み解く(1)藤井信男著『チューリップ球根の生産と輸出』　200

83 話．文化誌を読み解く(2)春山行夫著『花の文化史 第二』など　202

84 話．文化誌を読み解く(3)安田勲著『花の履歴書』　204

85 話．文化誌を読み解く(4)国重正昭著『作業 12 ヶ月 チューリップ』など　206

86 話．文化誌を読み解く(5)『週刊花百科⑤』チューリップⅠ　208

87 話．チューリップの切手のこと　210

88 話．チューリップの絵（郵便）はがきのこと　214

89 話．球根の隔離検疫制度の緩和（輸入自由化）の始まったころ　218

90 話．輸入自由化から四半世紀で日本の球根生産は激減した　220

■ Ⅶ．チューリップ文化史紀行　225

91 話．レンブラントとボウレンガーが描いたチューリップ　226

92 話．ブリューゲルの「チューリッポマニアの寓意画」　228

93 話．チューリップ観光の聖地・キューケンホフ公園　230

94 話．オランダの球根植物園　232

95 話．カルロス・クルシウスの経歴の誤解を解く　234

96 話．ライデン大学植物園散策　236

97 話．漱石がロンドンで見たチューリップ　238

98 話．ゲスナーが描いた世界で初のチューリップ彩色画　240

99 話．イスタンブールのチューリップ　242

100 話．クレタ島の野生チューリップ　244

■ 私のチューリップ回想——あとがきにかえて　248

謝辞　253

〈品種の記憶〉

1. クイン オブ ナイト　Queen of Night. SL.1944
   —ジュマの「黒いチューリップ」を連想させられた—　——— 24

2. カイザースクルーン　Keizers kroon.SE.1750
   —明治時代から知られた品種—　————————— 46

3. レッド エンペラー　Red Empero.F.1931 Madame Lefeber
   —昭和31年、燃えるような鮮紅赤色に驚愕させられた—　——— 90

4. モンテ カルロ　Monte Carlo.DE.1955
   —新潟砂丘で仄かな香りを漂わせ咲いていた—　————— 129

5. メリー ウィドウ　Merry Widow.T.1943
   —時空を超えて新潟市牛海道で咲き競う—　————— 130

6. バレリーナ　Ballerina.L1980
   —2、3月促成花、窓辺で甘い香りを漂わせていた—　——— 146

7. ウイリアム ピット　William Pitt.SL.1891
   —促成に優れ、昭和の戦後を代表する品種であった—　——— 222

8. イル デ フランス　Ile de France.SL.1968.
   —平成にウイリアム・ピットを越えた品種となる—　——— 223

9. ウェスト ポイント　West Point.L.1943.
   —戦時中の命名、米陸軍士官学校との関係は—　——— 224

10. アンジェリケ　Angelique.DL.1959
    —乱舞する天使達を誘うかのように咲き誇っていた—　——— 246

11. ピンク ダイアモンド　Pink Diamond.SL.1976.
    —晶子のいう「やわ肌」を連想させる色彩で咲いていた—　—— 247

7

Ⅰ. チューリップがヨーロッパの園芸界に登場したころの話

　ヨーロッパ園芸史にチューリップが初めて記録されたのは 16 世紀の半ばで、つまりチューリップは、イスラム教社会からキリスト教社会に伝播したのである。このとき、ヨーロッパのチューリップ伝播に深く係わった 3 人の人物がいる。

　その一人は神聖ローマ帝国の外交使節としてオスマントルコに派遣されたブスベックで、トルコの人達がチュリパンと呼んでいる花の情報をウィン、つまりキリスト教社会に伝えた。

　二人目の人物は、スイスの博物学者ゲスナーで、ドイツのアウグスブルグでヘルヴァルト宅の庭に咲くチューリップを 1559 年（一説では 1557 年）に彩色で描き、1561 年にチューリップを世界で初めて学術的に記載している。

　そして三人目はクルシウスで、ゲスナーに遅れて 1576 年にチューリップ 23 図入りの著作を著している。クルシウスは、晩年にはライデン大学の教授となりオランダのチューリップ普及に貢献している。

　その後にチューリップを一躍有名にさせるのが、世界で最初の経済投機、すなわち、チューリップ狂時代の到来であった。

　チューリップが世界の園芸史に登場してから約 200 年後の 1753 年にスウェーデンのカール・リンネは、その著作「植物の種」に 3 種のチューリップを記載している。シルベストリス種とゲスネリアナ種は現在も原種名として用いられている。

　ちなみにゲスネリアナ種は、コンラート・ゲスナーを記念して献名されたもので、現在は園芸チューリップを包括した学名とされている。

1話. トルコからヨーロッパに
チューリップを紹介したブスベック

　16世紀の半ばにヨーロッパにチューリップを紹介し、世界の園芸界で脚光を浴びる契機をつくった人物がオギール・ギセリン・ド・ブスベック（Ogier Ghiselin De Busbecq.1522–1592）で別名をアウゲリュス・ギセニウス・ブスベキウスである。

　ブスベックは、フラマン地方（現ベルギー）の出身で神聖ローマ帝国で働き、1554年から1562年まで神聖ローマ帝国の外交使節としてオスマン帝国のコンスタンチノーブル（現在のイスタンブール）に派遣されており、1554年に友人のニコラス・シミオにあてた手紙でチューリップにふれている。

　　　道すがら見たところ水仙かヒヤシンスに似ていてトルコ
　　　人が、チュリパン（tulipan）と呼んでいる花をあちこちで
　　　見かけた。冬のさなかであったので驚いた。ギリシャには
　　　水仙やヒヤシンスが豊富にあるが、これらの花は香が強い
　　　がチュリパンには香はほとんどないが、その美しさや色が
　　　豊富なことが魅力的でした。トルコの人は花を作るのに細
　　　心の注意を払っており、花を咲かせることに努めています。
　　　私はこの花を幾つかプレゼントされましたが、結果として
　　　高価なものになりました。

　この書簡がヨーロッパにチューリップを紹介した最初の記録とされている。ブスベックは、チューリップだけでなく、ライラック、バイカウツギ、ムクゲ、ヒヤシンス、ウマグリ（トチノキ）なども紹介したともいわれている。

OGIER GHISLAND DE BUSBECQ (zie blz. 452)

ブスベックの肖像画
（チューリップ文庫蔵書）

2話. 世界で最初にチューリップを 学術的に記載したゲスナー

　花の少ないヨーロッパにチューリップにかぎらず、異国の花を
ヨーロッパ各地に伝播していく過程で大きな役割を果たした人物
の一人がコンラート・ゲスナー（Conrad Gesner）である。

　ゲスナーは、スイスのチューリッヒに生れ、苦学してバーゼル
大学やパリ大学に学び、ローザンヌ大学教授、チューリッヒ大学
博物学教授を勤め著作も多い。ゲスナーは世界で初めて植物学的
な解説を付してチューリップ図を記録したことでも有名である（本
書「19話」の図を参照）。

　このチューリップ画は、ドイツ南西部バヴァリア地方の都市ア
ウグスブルグの司法官ヨハン・ハインリヒ・ヘルヴァルトが収集
し庭に咲いていたチューリップを 1559 年に描いたかまたは描かせ
ている。

　この原画は二枚あって赤花は一般にはクルドのチューリップ、
黄花はウッドのチューリップ（おそらくシルベストリ種と思われ
るが）として知られている。原画は多くの植物画とともに長らく
所在不明であったが、1929 年にドイツのエルランゲ大学図書館の
屋根裏部屋でベルンハルト・ミルトによって発見されて、現在同
大学図書館に所蔵されている。ゲスナーはこのうち、赤花のチュー
リップ画を『ドイツの植物園』という著書に記載し、『コルドスの
植物誌』の補遺として 1561 年に出版し、世界で最初のチューリッ
プの学術的記録者の栄誉をうけることとなった。

ゲスナーの肖像画
(チューリップ文庫蔵書)

3話. オランダのチューリップ普及に 貢献したクルシウス

　ヨーロッパにチューリップを伝播する過程で大きな功績のあった人物がフランスのアラスの貴族出身者、カルロス・クルシウス（Carolus Clusius.1526-1609）で別名をシャルル・ドウ・レクリュース（Charles de L'escluse）である。

　クルシウスは、ヨーロッパ各地に学び、8か国語に精通していたといわれ、歴史、哲学、鉱物、動植物学と博識で、何よりも植物の収集家であったという。学ぶために住んだ都市は、ベルギーでは、ルコーフィン、ケント。ドイツではマークベルグとヴィッテンブルグそしてフランスでは、モントペリエとパリとなっている。

　その後住んだ都市は、ブルージュ、メッレヘン、ウイーン、フランクフルト、最後はライデンとなる。調査旅行はイングランド4回、フランスのラングトックとプロヴァンス、スペインとポルトガルも旅し、オーストリアアルプスやチェコのモラビヤ地方を旅行している。著作も多いが、チューリップについては、ゲスナーに遅れること15年、1576年に『Rariorm aliguot stirpium』（1950年英訳本『A Treatise on Tulips』）を出版している。クルシウスはウイーンでマクシミリアン2世の依頼で造園にあたっていたこともある。フランクフルトに住んでいたクルシウスは1593年にライデン大学教授に招かれ、この時に持参した球根がもとでオランダにチューリップが普及する契機となり、恩人となった。

14

クルシウスの肖像画
(チューリップ文庫蔵書)

4話. 16世紀半ばヘルヴァルト氏の庭に 咲いたチューリップ

　世界のチューリップ文化史の定説では、ブスベックによってヨーロッパに初めてチューリップが紹介されたとされている。しかし、チューリップの球根が届けられ花を咲かせた記録はウイーンでは定かでなく、唯一、ドイツ南西部アウグスブルグにあった。その人は司法官のヨハン・ハインリッヒ・ヘルヴァルトという異国の花に興味をもって収集していた人物であったという。この球根はブスベックによってウイーンに届けられたものを人伝で入手したものか、あるいは全く別の入手経路があったのか定かでない。

　記録では1557年又は1559年にコンラート・ゲスナーによってヘルヴァルトの庭に咲く2種のチューリップが描かれたことが知られている。

　私は今から450年も前に西ヨーロッパで初めてチューリップが咲いていた場所が今も記念の場所としてあるのかを知りたく、ウイーン観光の途中に急に思いたち、平成18年6月29日にアウグスブルグに途中下車し訪れてみた。前もって調べていた訳でもなく、街のなかに二か所ある観光案内所で訪ねてみたが全く手掛かりを得ることが出来なかった。若しかすると街はずれに植物園があるので、そこを訪れれば情報が得られたのかも知れなかったが、時間的余裕がなく断念した苦い思い出がある。

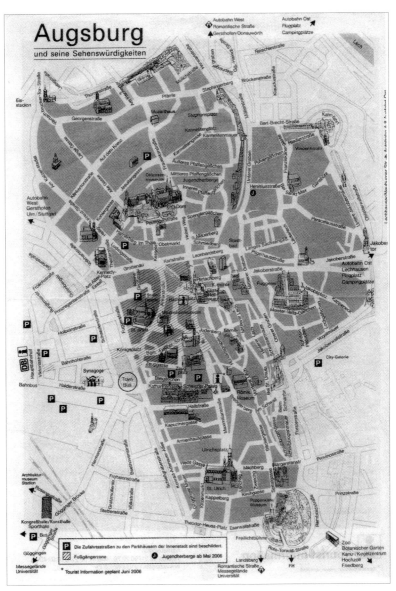

アウグスブルグの観光案内所でもらった案内図
ヘルヴァルト氏の庭はどこにあったのだろうか

5話. 世界初の経済投機・チューリップ狂時代

　チューリップは花の少ないヨーロッパに伝わり色彩に溢れ人気の花であった。しかし、17世紀の前半にチューリップ球根は異常投機の対象となり、いわゆるチューリップ狂時代（1634–1637）となり、悲喜こもごもの人間ドラマを演出した魔性の花でもあった。

　私はチューリップ狂時代の到来には、3つの要因があったのではと考えている。まず、経済的には東インド会社の設立を契機に経済発展著しく投資先を求めていたこと。ここに、チューリップの珍貴と希少性が投資対象となったこと。投機の対象の球根はすべてウイルス病に犯され同じ花のない珍貴で、かつ2～3年でウイルス病で消滅する希少性のあったこと。そして投機には、富裕層だけでなく、一般の市民、農民も参加でき、かつ、現物取引だけでなく、今日でいう信用取引も物納もできたことである。チューリッポマニアの高額な取引事例としてよく紹介されているのがバイスロイ（日本訳・将軍又は提督）3,000フローリンで、センペル・オーガスタ（常夏）は5,500フローリンで、これらの品種は図譜が残されており、どんな品種であったかが今日でも知ることができる。

　また、一球の球根（2,500フローリン）と物納で取引された異常な事例を次に揚げておこう。

　小麦2ラスト（ラストは約2トン）、ライ麦4ラスト、雄牛4頭、豚8頭、羊12頭、ブドウ酒2オックスホフト、ビール4タン、チーズ1,000ポンド、ベッド1台、服1着、銀杯1ヶ。

　オランダの花卉園芸は「バブルで滅んだ国はない」（高坂正堯京都大学教授）というとおり、その後は堅実な歩みを続け世界屈指の花の国となった。

チューリップ狂時代の代表的品種
(チューリップ文庫蔵書)

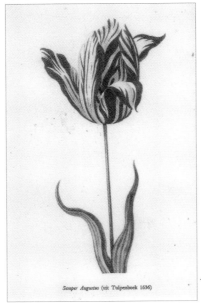

◀ センペル
　オーガスタス

◀ バイスロイ

6話. リンネ著『植物の種』に記載された3種のチューリップ

　カール・リンネの1753年刊の古典的名著『植物の種』には、次の3種のチューリップが記載されている。以下はこの記載の要約である。

(1) シルベストリス種

　　花は下垂し、比較的小さく、黄色花。自生地はモンペリエ（註. 南フランス）アペニン山地（註. イタリア中部）ルンデニイ（註. 南アフリカ）。茎はやや長く、葉は細長、花色は黄色で、下部はやや緑、花弁はやや尖る。花茎は花に対して内曲し、開花前は下垂する。花糸は基部が細く、基部には繊毛がある。

(2) ゲスネリアナ種

　　花は直立し、葉は卵型ないし皮針型。花茎には3枚の葉がある。自生地はカッパドキア（註. トルコ中部アナトリア高原）、1559年にヨーロッパに伝わる。

(3) ブレニアナ種

　　花茎に多くの葉があり、葉は線形。花色は緋紅色から鮮赤色となる。自生地はエチオピカム（註. この種は過去にはセルシアナ種の異称とされたこともあるが、現在は不明の種である）。

　シルベストリス種とゲスネリア種は、現在もチューリップの原種の種小名として用いられている。

◀カール・フォン・リンネの肖像
（チューリップ文庫蔵書）

◀リンネ著・植物の種第一巻
（チューリップ文庫蔵書）

7話. 16世紀半ばのイスラム社会におけるチューリップ

　チューリップは16世紀半ばにイスラム社会の花からキリスト教社会にもたらされ、各地に伝播した。その過程で、チューリップは、実に多くの事物が記録されている。ところで、チューリップがヨーロッパに伝来する以前のイスラム社会ではどのように扱われ、記録されてきたであろうか。しかし、残念なことにイスラム社会におけるチューリップは、僅かに細密画や布、あるいは陶器などに紋様として残るか、また一部には、口伝えの伝説や詩歌などに漠として記載されているだけという。

　日本における16世紀半ば以前のイスラムの花の文化史もまれで、春山行夫著の『花の文化史—花の歴史をつくった人たち』1980年刊でもイスラム社会のチューリップについての記載は見当たらない。近年になってイギリスのアンナ・パポードの「チューリップ」や八坂書房編「チューリップブック」でのヤマンラール水野美奈子氏の「イスラム世界のチューリップ」という貴重な論文を読むことができる。しかし、これまでの論調と大きな変化はみられない。また、富山県砺波市のチューリップ四季彩館開館記念誌のイスタンブール大学バイトプ教授著『イスタンブール・チューリップ』1996年刊のチューリップ画は現存のアクミナータ種に似ており、かつてのイスラム社会のチューリップの面影を今に伝えているのであろうか。それにしてもトルコには、ヨーロッパに伝えられた園芸チューリップの絵は見当たらないのは不思議である。ところで、カルロス・クルシウスは1671年にチューリップ本を著し、チューリップを早生、中生、晩生、そして、ビザンチンとペルシヤチューリップに5分類し、23のチューリップ図を掲載し解説している。

16世紀ころのタイル等のチューリップ紋様
トプカプ宮殿の売店の絵はがき

〈メモ〉
①富山県砺波市刊のイスタンブールチューリップには多彩なNeedle Tulipが掲載されている。
②クルシウスの1576年の著作では、23種のチューリップが描かれている。

〈品種の記憶 1〉
クイン オブ ナイト　Queen of Night. SL, 1944,
——ジュマの「黒いチューリップ」を連想させられた——
（チューリップ文庫コレクション。2004.5.keukenhof にて）

Ⅱ. 日本にチューリップが渡来したころの話

　わが国で戦後に出版されたチューリップ文化史関係資料のなかで誤解というか、誤った記載が多いのが、チューリップのわが国への初渡来についてである。例えば、① 1800 年ごろ又は、1820 年ころオランダから渡来②本草図譜の刊行から幕末の間に渡来③ 1859（安政 6）年にシーボルトが将軍に贈る④ 1863（文久 3）年オランダ人により長崎に渡来⑤江戸時代（文久年間）オランダ船により持ち込み⑥文久の末に米国から渡来などがあげられる。しかし、最近は文久 3 年幕府遣欧使節がフランスから持ち帰り、幕府の洋書調所に届けられ、開花までしたことが明らかになっている。

　ここでは、これを裏付ける資料として、『楢林雑話』によって帆船時代の渡来は無理であったこと。更に文久 3 年初渡来の決定的な証拠として海雲楼博物雑纂があって、チューリップが開花した彩色画が残されていることを知ることができる。また、ほかにも幕末の資料として、伊藤圭介による佛朗西毬根類目録によってフランスから持ち帰ったチューリップの明細な資料を知ることができる。

　また、長崎市史跡料亭「花月」の「春雨の間」の天井画のチューリップの絵についての観賞は、私の長年の懸案であったが、最近ようやく果すことができた。まだ不明な点も多く、今後は、チューリップのオランダと長崎を繋ぐ糸口があるかも知れない、興味つきない作品であった。

25

8話．日本人によって初めて語られた
チューリップ情報

　江戸時代の鎖国のなかで、唯一長崎で交易が開けていた西洋の国がチューリップ球根産地のオランダであった。ところが、なぜかチューリップの渡来が幕末までなかった。この疑問を次の『楢林雑話』の短文から読み解くことができないだろうか。

> 花　第十六リ　花中ハ
> 蘭産ノ花ニチュルトフトフリ
> 形ク石竹ニ似テ香気アリ美国ノ物ナレトモ日本ニ生植
> シヤスケトモ渡海ノ間赤道下ヲ過ルニ枯テ持傳フルコトヲ得スト云フ

　『楢林雑話』は、水戸藩の彰考館総裁・立原翠軒（1744–1823）が長崎のオランダ語通詞の楢林重兵衛を水戸に招き、国内外の事情をききとり 1799 年に自ら記録（稿本）したとされている。この楢林雑話のチューリップについての短文は、日本人によって語られたチューリップの情報として貴重である。しかも語られた内容から、チューリップは寒い国のもので、日本でも充分に育つが、海を渡るにあたり長期間赤道直下を通り、枯れ、渡来できなかったという。つまり、帆船時代は、渡来は無理で、蒸気船により航海期間が短縮され、かつ、球根の休眠期にあわせて輸送できるまで渡来は不可能であったと考えるのが妥当であろう。

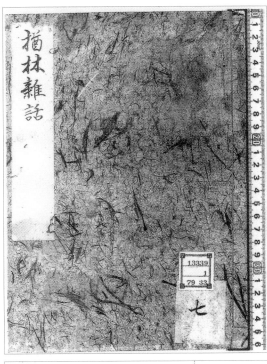

◆『楢林雑話』(1799年稿本)の江戸時代後期の写本
（静嘉堂文庫蔵・提供）

▼『楢林雑話』のテュルフの記載
（静嘉堂文庫蔵）

魚綱ニ洗ヒ付タルヲトル二ハ柏ノ皮ニテ煮レハヌルモノナリ亀ヲシヱルテハットヲシヱルテハ楢ノ事ナリハットハ蛙ノ事ナリ楢ヲ植タル蛙トヱコトナリ附子ヲ楢ニ植ルニハブタノコヤシヲ用ルカヨシ廣東人参ヘ三七根ナリアメリカヨリ出ル常州真弓山ノ寒水石ハマルモウステイントヱモノナリヲランタ桐油ハヱノ油ニ唐土ヨリ入テ作ル蘭人ハヱフコウリトヱコシトス油ヲ用桐油ニ唐土ヲ加ヘハヤク乾リモナリ蘭産ノ花ニテユルフトヱアリ花ノ中二第一ナリ花形ハ石竹ニ似テ香気アリ寒國ノ物ナレハ日本ニ生植シヤスケレトモス

渡海ノ間赤道下ヲ通ル内ニ枯テ持傳ルコトアタハストヲランタ石竹アンゲユリトヱ長崎ニ在アンシヤベルト江戸ニテヱハクレナルヘシ腐肉ヲ治スルニハメリロサアロム野薔薇花ヲ骨ニ近キ痛ニハ油菜ヲ忌ムヘシ油気骨ニシミテハ去リカタシ敵ニ右ノ菜油ヲ用ヘシロ中ニテモ忌コトナシ歯ノキナト腐タルニモヨシ瀝青ヲ製スルニハ松ノ根ヲ小切ニシ鍋ノ底ニ穴ヲアケタルニ入上ニ松葉ヲ載セ其上ヲ土ニテヌリツシ土ニモ穴ヲア

9話. 岩崎常正は『本草図譜』で 鬱金香をチュリパと記載

　江戸時代後期の本草学者・岩崎常正（1786–1842）は日本初の植物図譜（鑑）といわれる『本草図譜』を 1827 年ころに著した。『本草図譜』では中国の明時代の李時珍の本草綱目の鬱金香を引用し、これにドイツで出版の『ウェインマン花譜』のチューリッパを模写して転載した。しかしこの鬱金香は現在は和名、学名、科名とも不詳が定説である。

　ところで、『ウェインマン花譜』は、1736 年から 1748 年の出版でフォリオ版の図譜 4 巻解説書 4 巻からなる大冊である。チューリッパ図は、図譜第 4 巻の N.982 から N.996 までの 15 図に計 43 品種が掲載されている。

　岩崎常正は、ウェインマン花譜から N.982 のパーロット品種を 2 頁に拡大模写し、N.986 の八重咲品種 4 花のうち 2 花を、更に N.989 の単弁品種 2 花のうちの 1 花を模写し、『本草図譜』にチュリパ荷蘭として記載している。そして、図の余白には鬱金香とチュリパについて解説を記載している。

　この解説の鬱金香とチュリパとの植物としての隔たりはあまりにも大きく、岩崎常正が、鬱金香にチューリップをあてたその根拠も意図も分からない、何れにしても鬱金香は謎の多い植物である。

岩崎常正『本草図譜』の鬱金香

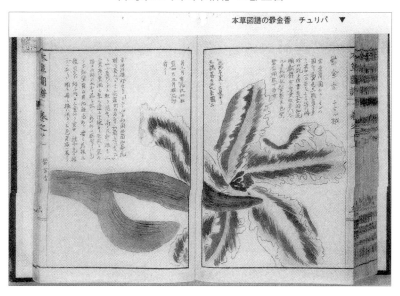

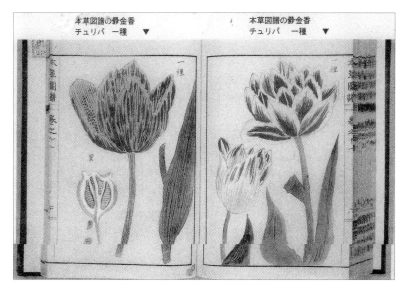

拙著『チューリップ鬱金香――歩みと育てた人たち』から転載

10話.幕府洋書調所伊藤圭介の鬱金香は
カンナに似た植物

　謎の植物「鬱金香」は、岩崎常正によって『本草図譜』でチューリップの和名として誤用されてから三十数年後の幕末には、カンナに似た植物の和名として鬱金香があてられようとした記録「形跡」が『海雲楼博物雑纂』に残されている。それは洋書調所物産方の伊藤圭介が新たに植物図譜の作成を試み、調所画学方に多くの植物図を描かせている。図譜稿の多くには簡単な由来、写生月日、写生者などが記入されてあるほか解説資料も残されている。残念ながら幕末の混乱もあってか、この図譜は出版されなかった。

　『海雲楼博物雑纂』の植物図譜の百合科植物の綴の最初に、鬱金香として次の解説文と共に花・葉・果実の彩色画が保存されている。

> 鬱金香ト称スルモ名実穏當ヤサニ似タリ
> 六月黄色ノ花開ク 一雄 一雌
> 茎高サ二尺許 花二日ニ凋ム
> 実 タハタハ実ニ似タリ

　伊藤圭介が植物図譜稿で鬱金香とした植物は、現在どの植物に該当するのか、彩色画を一見したところではカンナに酷似しているが、この図譜稿では別に薑科としてカンナ・オランダタンドクの彩色画が残されている。この図譜稿の鬱金香はカンナ（タンドク）とは別の植物と理解していたようである。

◀伊藤圭介が鬱金香とした彩色画
この図の植物は唯一北米原産の
Canna flaccida Salisb 又は
この種の交配種との見解もある
（東京都立中央図書館特別文庫室蔵）

▲伊藤圭介翁（1803-1901）

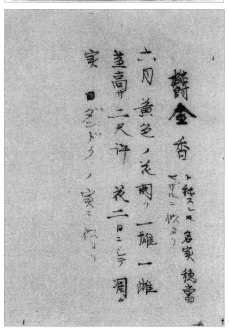

◀伊藤圭介の鬱金香の解説文

11話. 幕府洋書調所物産方による初渡来
チューリップの開花

　文久3（1863）年幕府遣欧使節団は、チューリップ球根をフランスから持ち帰り、洋書調所に届け、同物産方は、開花に成功した。以下はそのあらましである。

○安政3（1855）年1月10日、幕府は洋学研究機関設立のために、勝海舟、箕作阮甫を異国応接掛手付に任命、計画を進めさせる。

○安政3年2月1日、洋学研究教育機関の名称を「蕃書調所」と決める。

○安政4年1月18日、蕃書調所を飯田町九段坂下に設立し、開場式を行い、幕臣191名の教育を始める。

○安政6年7月、蕃書調所は神田小川町に間借で移転、廃止寸前。

○文久元（1861）年、蕃書調所に6月画学方、9月物産方を設ける。9月27日、伊藤圭介・物産学出役を命ぜられ三男謙と弟子田中芳男と共に蕃書調所に到着。

○文久2年5月18日、蕃書調所は神田一ツ橋門外4番原に新築、洋書調所と改称する。

○文久3年2月1日（新暦3月19日）、物産方の伊藤圭介は遣欧使節がフランスから持ち帰ったチューリップ球根26品を受け取る。2月5日に植栽。3月10日ころ3花開花し、うち高畠五郎への委託品を間宮彦太郎（画学世話心得）が彩色で描き、2図は画家不明。

○慶応元（1865）年冬、幕府留学生津田真一郎は、オランダ・ライデン大学に学び、4球のチューリップ球根を開成所に届ける。開花などは不明。

安政4年蕃書調所が開設された現在の東京都千代田区
九段南1-6に建立の記念柱など（平成27年1月撮影）

12話. チューリップを咲かせた高畠五郎と
描いた間宮彦太郎

　幕府の遣欧使節団は、フランスのパリで、チューリップ26品を求め、文久3年2月1日（新暦3月19日）に洋書調所に届けられ2月5日に植えられた。そのうちの何品かは委託に出されたようで、受託者の一人に高畠五郎がいる。

　高畠氏は、文政8年阿波徳島・佐古村で徳島藩の侍医の6男として生れ、大阪で漢籍を斉藤五郎に学び、江戸で蘭学を伊藤玄朴に学んでいる。安政3年4月に蕃書調所の教授手伝となる。安政6年からは、調所教授手伝のまま外国奉行所管の外国方に転じ、福沢諭吉などと共に外交文書の翻訳に従事している。では、高畠氏はどのような理由でチューリップを試作することになったのか。それは①調所で伊藤圭介や田中芳男と交友のあったこと。②当時としては珍しいキャベツなど西洋野菜を作り、植物に興味のあったこと。③調所の物産方は人手不足で、海外からの植物を処理しきれなかったことなどである。なお、チューリップを咲かせた高畠宅の場所は、高畠氏が住んだのは赤坂新町と於玉ヶ池二六横町が知られているが、その何れかは確定されていない。

　ところで、高畠氏が咲かせたチューリップを描いたのは間宮彦太郎調所画学世話心得であるが、私には間宮氏の出自も維新後の動向も詳らかでない。

文久3年に遣欧使節団がフランスから持ち帰り季節はずれに植えた球根から咲いた「チュルプ・高畠五郎宅ニテ開イタモノ　子三月下旬　間宮彦太郎写」
（東京都立中央図書館特別文庫室所蔵）

13話. 幕末の開花チューリップ画を保管の 『海雲楼博物雑纂』

　幕府遣欧使節団がパリで求めたチューリップ球根が、日本で初めて開花し、その彩色画が東京都中央図書館特別文庫室所蔵の『海雲楼博物雑纂』に残されている。この『海雲楼博物雑纂』の収集者である「海雲楼」とは、明治前期の官僚で大蔵省国際局長であった宍戸昌（1845–1900）の雅号である。宍戸氏は、蕃書調所物産方の伊藤圭介や弟子の田中芳男と親交があったようである。しかし、宍戸氏の没後どのような経過をたどり、東京都中央図書館特別文庫に所蔵されるようになったのかはよく分からない。まず、関東大震災は何処で、どうして難を免れたか定かでない。また、太平洋戦争の空襲の難は、戦況不利のもと昭和19〜20年のころ、神保町北沢書店から日比谷図書館が貴重資料として買上げ、ほかの貴重資料と共に奥多摩地方に疎開させて難を免れたとのことである。

　『海雲楼博物雑纂』は、都立図書館に移管後は一般公開しているが、その存在は、余り知られず、昭和56年10月の第9回特別文庫資料展にチューリップ彩色画が展示されたが、花関係者には注目されなかった。平成16年刊の「週刊花百科」でも遣欧使節団の持ち帰った球根は「花は咲かなかった」と誤って記載している。

第九回特別文庫資料展
「本草・博物学とその周辺」
展示解説目録

昭和五十六年十月二十日(火)〜二十五日(日)

東京都立中央図書館
〒106 東京都港区南麻布五—七—一三
電話 〇三(四四二)—八四五一

この資料展で『海雲楼博物雑纂』の高畠五郎宅に咲き間宮彦太郎が描いたチューリップ画などを展示

〈メモ〉
『海雲楼博物雑纂』を束ねた表紙は現存しない。神田神保町の北沢書店から届けられた時は一括して束ねられていたという。

14話. チューリップの和名「鬱金香」は 中国伝来の名称か

　標題のチューリップを鬱金香という名称は、中国からの伝来であるとする説が、日本のチューリップ文化史に記載されているのが見受けられる。しかし、この説は果して真実かは私には定かでない。

　鬱金香という植物名は、明時代の本草学者李時珍の『本草綱目』によることは論をまたない事実であるが、果して中国でチューリップを鬱金香であるとし、それが日本に伝わったとは私は文献的には確認できない。むしろ、日本での岩崎常正の誤解によって鬱金香にチューリップをあてたことが、逆に中国に伝わったとも考えられる。なぜなら日本と同じように、中国でも帆船時代はチューリップは渡来はなく、中国へのチューリップの初渡来は、日本より遅かったとも考えられなくもない。

　なお、現在のチューリップの中国での名称は「郁金香」と呼んでいるが、この「郁金香」という名称は、中華人民共和国の成立後に鬱金香の「鬱」という字が難しいので簡略にするため、更には鬱金香にチューリップをあてることの誤りであることのために「郁」の字をあてたとの説もある。何れにしても鬱金香は謎の多い植物である。

39 郁金香 チューリップ
Tulipa gesneriana L.

別名洋荷花．ユリ科の多年生球根花卉．栽培品種はひじょうに多い．花色，花形も変化がはげしく，白，黄，橙，褐，淡紅，紫色とあり，色の異なる重弁品種もある．地中海地域や中央アジアを原産地とする．オランダでいちばん盛んに栽培されている．耐寒性，軟かで肥沃な排水のよい砂質の土地を好む．秋に植えて，翌年春の3～5月に花を咲かせる．夏は休眠する．鱗茎を分けて栽培するかないしは播種して繁殖させる．多くは花壇あるいは花の境を区分するのに用いるが，切り花にも使われる．

『中国四季の花』1982 中国人民出版社編（(株)美の美刊）

15話. 伊藤圭介の『佛朗西毬根類目録』のこと

　この目録は、国立国会図書館に伊藤圭介編『植物図説雑纂』の
うちの第49冊に所収されている。この目録は文久3年2月1日に
遣欧使節団から洋書調所の伊藤圭介に届けられたチューリップ廿
六品の記録である。しかし、フランス語を翻訳したものか編集は
統一されておらず、かつ毛筆で書かれた文字は判読することも困
難など乱雑である。

　この目録から当時どのような品種が渡来したのかを、岩佐園芸
研究室の岩佐吉純さんが試みているが（私信）、世界のチューリッ
プ目録は最も早いもので1939年版で幕末当時の品種の詳細は不明
である。岩佐さんは、日本博物誌年表の著者磯野直秀氏に照会し
ているが、磯野さんも伊藤圭介の『植物図説雑纂』はきわめて読
みにくく、品番も配列どおりでないとのことであった。

　平成15年12月4日に岩佐吉純さんから私あてに、伊藤圭介の『佛
朗西毬根類目録』の掲載品種を中心に整理した資料が届いている。
しかし磯野さんの指摘のように、約半数の品種名が判読できただ
けである。

　ただこの雑纂の最後の頁に「高畠五郎ノ宅ニテ四月上旬に開ク
チュルフ花」のメモ書があり、幕末に江戸でチューリップが咲い
た証となる。

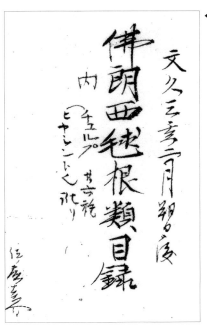

◀伊藤圭介、『佛朗西毬根類目録』
（東京都立中央図書館特別文庫室所蔵　岩佐吉純氏からの提供）

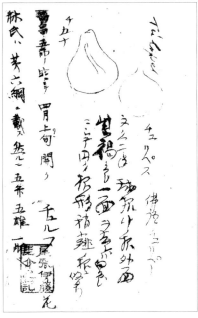

◀目録最終頁に高畠五郎宅にチュルフが咲いたメモ書

16 話. 慶応元年に留学生津田真一郎が 持ち帰ったオランダ産球根

　東京都中央図書館特別文庫室が所蔵する『海雲楼博物雑纂』の「第6種新渡毬根草」の綴に、約2センチばかりの芽の出たチューリップ球根四球が彩色で描かれている。その裏の右端枠外に「慶応元年冬和蘭ヨリ持来、津田真一郎献納、チュルプ四球」と記載されている。

　これまでオランダからは、明治13年に球根類27種が明治政府に寄贈された記録は知られていた。しかし、わずか4球ではあるが幕末にオランダ産球根が持ち帰られたということは、江戸時代のチューリップ情報として注目される。

　ところで、津田真一郎（1829–1903）は、津山藩士の子息、後に真道と改名、明治政府の官僚で経済学者。文久3年開成所から西周助と共に選ばれ、幕府留学生の一人としてオランダのライデン大学で西洋法体系を学び、慶応元年12月29日横浜に帰る。

　なぜ、植物と関係のない津田が、球根を持ち帰り、開成所に献納したかは、伊藤圭介物産方教授が津田にオランダからの物品の持ち帰りを依頼しており、津田はこの依頼を律儀に果たしたものであろう。

　津田の持ち帰った4球のチューリップのその後の消息は定かでない。季節はずれの植え込みで、新球形成の不利な江戸で、かつ幕末の混乱で意外と早く消滅したであろう。

◀津田真道(真一郎)氏(1829-1903)

▼慶応元年に津田真一郎がオランダの
ライデンから持ち帰ったチューリッ
プ球根4球の写生図
(東京都立中央図書館特別文庫室所蔵)

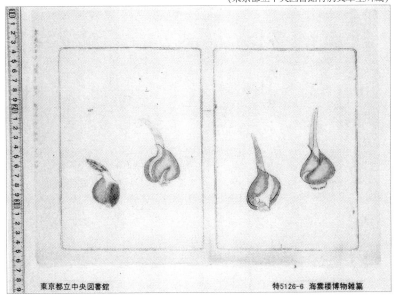

17話. 長崎市史跡料亭「花月」の「春雨の間」
天井画のチューリップ

　チューリップ文化史調査で訪れてみたいと思いつつも実現でき
ずに時が経たのが、海外では多くのネオ・チューリップが発見さ
れたフランス南東部のサボア地方と、中央アジアの野性チューリ
ップの原生地で、国内では、標題の長崎市のチューリップ画を観賞
する旅であった。

　長崎市のチューリップ画の探訪は、十数年の時を経て、ようや
く平成26年3月に果たすことができた。百聞は一見にしかずとい
うが、資料で得た情報と実際に観賞し、直かに関係（研究）者か
ら聞いたことは可成りの違いがあった。

　まず、そもそもどのようなチューリップ画か八方手をつくした
が、そのコピーすら入手できずにいたのである。「花月」の「春
雨の間」の天井画には、59花が描かれ、そのなかの1点がチュー
リップ画で、橙桃色の5花が鮮やかであった。「花月」の加藤貴行
さん（『花月史──長崎丸山文化史』の著者）によれば、制作年は
「春雨の間」の改築の棟札からは文久2年で、画家もこれまで廃寺
となった天台宗行満院の住職の覚順とされてきたが、最近の調査
では、行満院の住持職には、覚順なる人物は見当たらないという。
描かれたチューリップは、長崎に渡来のチューリップというより
は、西洋の画譜の描写と考えられるが原本の確定も定かでない。
天井画の今後の調査解明を期待したい。

◀長崎市史跡料亭「花月」の「春雨の間」の天井画

◀天井画のチューリップ

〈品種の記憶 2〉
カイザースクルーン　Keizeerskroon. SE. 1750
──明治時代から知られた品種──
（チューリップ文庫コレクション　2006.4. 新潟県横越村　品種展示圃にて）

Ⅲ. チューリップの野生種の話あれこれ

　チューリップの野生種つまり原種の数は、分類学者あるいは分類研究機関によって異なり、一定していない。これは、それぞれによって異種同名、同名異種あるいは存在の確認されない種など見解の違いによるもののようである。

　この項での話題は、オランダ王立球根生産者協会の 1996 年版『チューリップの分類と国際登録リスト』に記載する野生種 152 種とその後に発見された 8 新種について調査した結果である。調査は個別野生種ごとに、①命名者の略歴と記載年②種小名の語源（由来）③自生地（分布）④生形態⑤染色体⑥その他特記事項などで、ここではその結果の要約である。更に、最近英王立キュウ植物園のチェックリスト（照合表）ではチューリップ原種は 116 種案を提起しており、個別原種ごとにキュウ植物園案を記載した。

　また、ここではチューリップ野生種の分布を国別、（北）緯度別に調べてみた。その結果は北緯 40 度を中心に西は 30 度、東は西シベリアの 55 度と、かなり広域に分布していることが分かる。

　なお、アマナはかつてはチューリップ属で現在はアマナ属であるが、私には興味あって長年にわたり調査してきた植物である。ここに若干の問題提起をした。

18話. チューリップの野生種の分布

　チューリップ野生種の分布をみると、一極に集中することはなく広域に自生する。これまでチューリップ野生種は、北アフリカから西シベリアに至る北緯40度前後線上の地域に分布するとされてきた。チューリップ野生種の分布を緯度との視点でみると、この説は誤りではないが、説明不足の感がある。

　チューリップ野生種の分布と緯度との関係をみてみよう。世界の主なチューリップ野性種の自生地であるトルコやイラン、カフカス山脈をめぐるアルメニア、グルジア等、そしてチューリップ

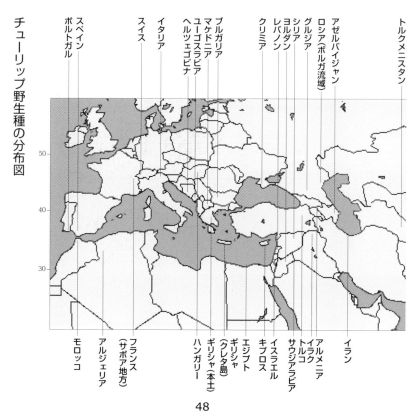

チューリップ野生種の分布図

野生種の宝庫といわれる中央アジアのアフガニスタン、トルクメニスタン、タジキスタン（パミール高原）、ウズベキスタン、キルギス、カザフスタン（天山山脈麓）、中国新疆ウイグル自治区は、おおよそ北緯40度前後線上に位置する。しかし、これらの地域よりも西の中近東のイスラエルや、レバノン、シリアや最西端のモロッコはやや南寄りの北緯30から35度に位置する。ただネオチューリップが多く発見されたフランス南東部のサボア地方は北緯45度に位置する。また中央アジアより東にモンゴルやロシアのアルタイ山脈麓は北緯50度で、更に最東端の西シベリア、アンガラ川流域は北緯55度という極端な北寄りで例外的な分布が確認される。

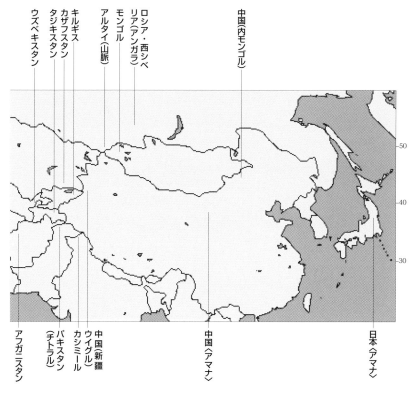

49

◀カザフスタンのアクス・ジャバグリ自然保護区（北緯40度）に咲くカウフマニア種（チューリップ文庫コレクション　小野寺初枝さん提供〈1995年撮影〉）

▼クレタ島スピリ近郊（北緯35度）に咲くハゲリ種（チューリップ文庫コレクション〈2005年撮影〉）

〈メモ〉中央アジアに自生するチューリップ野生種 (未定稿)

1 アフィニス	23 インゲンス	45 ロセア
2 アルバーティ	24 ユリア	46 シュミッティ
3 アナドロマ	25 カラバケンシス	47 シュレンキィ
4 ビーベルシュタイニアナ	26 カウフマニアナ	48 ソグディアナ
5 ビフロラ	27 コルパコフスキアナ	49 スブプラエスタンス
6 ビフロリフォルミス	28 コロルコウィ	50 シルベストリス
7 ビヌタンス	29 コルシンスキィ	51 タリエフィ
8 ボルシェソウィ	30 クシュカエンシス	52 タルダ
9 ブラキュステモン	31 ラナタ	53 テトラフィラ
10 ブーセアナ	32 レーマニアナ	54 チムガニカ
11 ブトコフィ	33 リニフォリア	55 チューベルゲニアナ
12 カリナタ	34 マキシモヴィッチィ	56 トルコマニア
13 ダシュステモン	35 シェリアナ	57 トルケスタニカ
14 ダシュステモノイデス	36 モゴルタヴィカ	58 ウズベキスタニカ
15 ドウビア	37 ネウストルエヴァエ	59 ヴヴェデンスキィ
16 アイヒレリ	38 ニティダ	60 ウィルソニアナ
17 フィルガニカ	39 オルトポダ	61 ジナイーダエ
18 フロレンスキィ	40 ネストロウスキアナ	62 カラウセアナ
19 フォステリアナ	41 パテンス	63 ヘウェリィ
20 グレーギー	42 ポリュクロマ	64 レメルシィ
21 ヒツサリカ	43 プラエスタンス	65 タラシシカ
22 ホーギアナ	44 レーゲリィ	66 コルビントシヴィイ

資料1〜61 オランダ王立球根生産者協会資料　62 アンナ・イバシェンコ著作。63 1998年アフガニスタン発見の新種。64 2009年カザフスタンで発見の新種。65 キルギスで発見の新種。66 カザフスタンで発見の新種。

19話. 人名や地名由来の多い
チューリッパ属の種小名

　オランダ王立球根生産者協会発行の 1996 年版『チューリップの分類と品種の国際登録リスト』に記載されるチューリップの野生種は 152 種。この種小名の語源を調べると人名由来が 60 種（約 40％）、地名由来が 34 種（約 23％）となっている。

　また、1996 年以降に 2008 年まで新たに発見し記載されたチューリップの新種は 8 種を数えるが、これも人名由来が 3 種で地名由来も 4 種となっており、残る 1 種は花色の特徴に由来している。2009 年以降も 4 種の新野生種が報告されているが、報文未入手につき記載は省いた。

　ところで、チューリッパ属の種小名の最初の人名由来は、世界で最初にチューリップを学術的に記載したコンラート・ゲスナーを記念して、カール・リンネが 1753 年の著作『植物の種』でTulipa gesneriana と命名したことに始まる。

ゲスナーの著作「ドイツの植物園」1561年
世界初のチューリップの学術的記載（岩佐園芸研究室蔵書）

20 話 . 多くのチューリップ原種を命名した レーゲルと日本の植物

　チューリップの野生種 152 種に関係する命名者は 105 名を数え
る。これら命名者のなかで最も多くのチューリップを命名した人
物がドイツのチューリンゲン地方の古都ゴーダ（現ベーム）生れで、
当時、ロシアのサンクトペテルブルグ植物園長のエドアード・オー
ガスト・フォン・レーゲル（Eduard August von Regel　1815–1892）
である。レーゲルが命名したチューリップは 23 種で、ほかに現在
用いられていない 4 種小名がある。

　なお、レーゲルは東シベリア産植物についても多く命名してお
り、牧野新日本植物図鑑にも、はいまつ、ふくじゅそう、らっきょ
う、こおにゆり及びのびるなど計 21 種を命名記載している。

　これらのレーゲルが命名記載し、日本に自生する植物は、北辺
が主な自生地なのであろう。ちなみに、はいまつの日本における
自生地の最南端は、深田久弥の『日本百名山』によれば南アルプ
ス連峰の南端の光岳 (テカリダケ) だという。

ふくじゅそう　Adonis amuronsis Regel et Radd.
(新潟県佐渡市　2013 年　石澤進・元新潟大学理学部教授提供)

はいまつ　Pinus Pumila Regel
(新潟県湯沢町苗場山　1998 年 7 月　石澤進・元新潟大学理学部教授提供)

21話. レーゲル親子とアルバーティ種とレーゲリィ種

　チューリップの野生種を語るとき忘れてならないのがレーゲル親子のことである。父のエドワードについては前項で日本の植物との関係について記載した。エドワード・レーゲルはゲッチンゲン、ボン、ベルリン、チューリッヒの植物園に勤め、1855 年にロシアに移住しサンクトペテルブルグ植物園長になった。息子のアルバートは 1875 年にグルジアの地方医となり、1877 年から 1885 にかけてトルキスタンの植物採集を行い、サンクトペテルブルグ植物園に送った。1879 年に中国の東トルキスタンに向い一度は入国を拒否されたが、天山山脈の間道を経て 9 月 28 日に 2 人目の欧州人としてトルファンに到着し 12 日間滞在し帰国したという。

　さて、レーゲル親子は、チューリップの学名にその名を残している。父のエドアードは息子アルバートがトルキスタンで採取して届けてきた、花色が緋紅色（変種に黄花）で草丈約 30 センチの野生種に 1877 年にアルバーティ種と献名している。また、ロシアの植物学者カラスノブ（1862–1914）は、カザフスタンのバルハシ湖周辺で 1886 年に採取し、翌 1887 年にエドワード・レーゲルにちなみレーゲリィ種と献名している。この種は、花色は白く小さく、外花被の背面は鈍い紫色で黄色の花底斑がある。葉には多くの白い縦縞がある。この種について新和ツーリストの冨山稔氏は、平成 23 年のカレンダーに鮮やかな写真で紹介し関係者の関心を集めた記憶がある。

レーゲリ種
R.Wilford.2006;Tulips,

◀アルバーティ種
（カーチス・ボタニカル・マガジン）

22話. 中央アジアのチューリップを
研究した二人の教授

　旧国立中央アジア大学のヴヴェジェンスキィ教授（Aleksi Ivanovich Vvedensky,1898–1972）とタシケント植物園のボチャンツェヴァ教授（Zenaida Petrovna Botschanzeve,1907–1973）は、ともに旧ソ連邦ウズベク共和国の著名な植物学者で中央アジアのチューリップを研究し、新種も命名記載している。2人は発見したチューリップの新種の種小名に相手の名前を献名しあっている。

　すなわち、ボチャンツェヴァ教授は、1954年に赤花の新種にヴヴェジェンスキィ種 T.vvedensky botchantz. を、ヴヴェジェンスキィ教授は、1935年に花被片の内側は黄色で外側は鮮赤緋色の新種チューリップに、ボチャンツェヴァ教授の氏であるジナイーダイ種（T.zenaidai vved.）を献名している。

ボチャンツェヴァ教授の略歴
1907年10月10日、カザフスタンのアルマティに生れる
1925年　アルマティ学校を卒業、同年にウズベキスタンのタシケントに転居。同年から中央アジア国立大学生物学部に学ぶ。
1926年　タシケント植物園に入園
1960年　オランダに出張
1961年　Tiulpany(Tulips) を出版
　　　　（1982年　Tulips の英訳本をロッテルダムで出版）
1973年8月17日、ウズベキスタンのタシケントで死去。専門は形態・細胞学。

◀ヴヴェジェンスキー種
（チューリップ文庫コレクション
小野寺初枝さん提供）

▲ジナイーダ・ボチャンツェヴァ
教授
（ウズベキスタン大使館領事部
提供）

◀ジナイーダイ種
（チューリップ文庫コレクション
浅田悦子さん提供）

23 話．日本人をカザフスタンのチューリップ原生地に 案内したアンナ博士

　カザフスタンの植物学者でチューリップの研究者でもあるアンナ生物学博士（Ivaschenko Anna Andeevna）は、新和ツーリストのチューリップ　ウオッチングツアーでカザフスタンを訪れた多くの日本人を現地に案内し続けてきた。

　アンナ博士は、1941 年にウクライナのポルタバに生れ、ウクライナのハリコフ州立大学生物学科に学び、1963 年に卒業と同時にカザフスタンのアクス・ジャバクリ自然保護区の主席研究員（1963–1985）、アルマトィ植物園のカザフスタン植物学研究所の主席研究員（1985–1999）、カザフスタンの学術研究団体 Tethys Society の主席植物学者（1999–）などとして活躍してきた。2005 年には、『カザフスタンのチューリップとその他球根植物』の著作を出版しているほか、数多くの研究論文を発表している。

　そもそも新和ツーリストのチューリップ　ウオッチングツアーとアンナ博士との係わりは、1995 年（平成 7）年に新和ツーリストの冨山稔氏がアンナ博士の協力で企画し実行したことに始まり、連綿と現在まで続いている。

◀イワシェンコ・アンナ・アンドレエヴナ博士
（冨山県園芸研究所浦嶋修氏提供）

◀アンナ博士の著作『カザフスタンのチューリップとその他球根植物』（2005年刊 A5版192頁 チューリップ文庫蔵書）

24話. ゲスナーが描いた赤花チューリップは
ミシェリアナ種か

　スイスの博物学者コンラート・ゲスナーによって1557年（一説には1559年）に世界で最初の彩色チューリップ画を描いている。作品には黄花と赤花の絵があって、黄花（Wood Tulip）は野生のシルベストリス種とされ、赤花チューリップはクルドチューリップ（Kurdistanic Tulip）と呼ばれている。

　ところで、私は、このクルドチューリップは野生種のミシェリアナ種（Tulipa micheliana Hoog）ではないかと考えている。

　初めにこの疑問を抱いたのは、岩佐園芸研究室の岩佐吉純さんから頂いたスウェーデンの植物地理学者ウェンデルボ（Per Wendelbo）のイランのチューリップやアイリスなどに関する図書（『Tulips and Irises of Iran and Their Relative』）に掲載のTulipa michelianaに良く似ていると思いつつも確信をもてなかった。

　ところが、それは偶然の出合であった。東京都世田谷区経堂のギャラリー街路樹の「世界の春の花展」（平成22年3月9日から14日まで）で、ゲスナーの彩色チューリップ画と見間違うほどによく似たチューリップの写真が展示されていたのである。その写真は、「新和ツーリスト（株）」の冨山稔氏がイランのゴレスタン自然公園で撮影したものでトウリパ・ミケリアナと紹介されていた。強いて両者の違いを探せば、ゲスナーの絵では、葉に紫状斑はないが、冨山氏の写真では、葉に鮮やかな紫状斑がある。また、葉の枚数もゲスナーは4枚であるが、冨山氏の写真では3枚の違いがあることである。

◀ウェンデルボの著作のミシェリアナ種

33. Tulipa micheliana. x 4/5.

ゲスナーの描いた赤花の▶
クルドのチューリップ

Tulipa micheliana トゥリパ ミケリアナ（ユリ科）　撮影地：イラン・ゴレスタンNP　写真：冨山

◀冨山稔氏の撮影したミケリアナ種

25話. 原種シルベストリスについての記憶

　チューリップの野生種は多いが、なかでもシルベストリス種は古くから知られた原種である。スイスの博物学者コンラート・ゲスナーによって、1559年（一説には1557年）に、ドイツのアウグスブルグのヨハン・ハインリッヒ・ヘルヴァルトの庭に咲くチューリップを描いたとされ、現在ドイツのエルランゲン大学図書館が所蔵している2花のチューリップのうちの黄花で、ナルシサスチューリップと記名され、現在ウッドチューリップと呼ばれている種は、明らかにシルベストリス種と考えられる。

　また、1753年に分類学の始祖カール・リンネの『植物の種』には3種のチューリッパが記載され、うちの1種はシルベストリス種であった。ちなみに種小名の語源は「森林性の」又は「山地に生える」を意味する。

　日本では幕末にはすでにシルベストリス種は知られている。すなわち、海雲楼博物雑纂第六種新渡球根草でチュルプ三種ありとし第一種 Tulipa sylvestoris 羅、mlde turip 蘭として、おそらくリンネの『植物の種』からの翻訳であろう。生形態がかなり詳しく書かれている。

　シルベストリス種の彩色図又はカラー写真を掲載する図書は多く、異称のビーベルステイニアナ種を含めると計15冊を私は数える。

　シルベストリス種は、かつては入手し易い球根で、私も新潟市の砂丘の庭で平成の初めころ数年試作したことがある。作り易い種であった。

◀ゲスナーが描いたシルベストリス種
（エルランゲン大学図書館蔵）

▼現在のシルベスリス種
（チューリップ文庫コレクション　2008年写）

26話.「貴婦人のチューリップ」と 珍重されたクルシアナ種

　この原種は、かなり古くから知られており、かつてヨーロッパでは「貴婦人のチューリプ」と呼ばれ、珍重されていた。記載は 1803 年にスイスの植物学者カンドル（Augustin Pyramus de Candoll,1778–1841）による。種小名の語源は、フランスのアラスの貴族出身植物学者で、晩年はライデン大学教授でオランダにチューリップを普及させた功労者クルシウス（Carolus Clusius,1526–1609）にちなみ命名された。分布は、レバント地方の地中海気候地帯に自生する。草丈約 35 センチ、4 月中旬の早咲きで、花は白色又は黄で外花被の外側は白くふちどられた黄赤色である。染色体は 2 n 24 のほか、36、48、60 の倍数体。変種にクリサンサ種、ステラタ種がある。

　私も、かつて新潟市で試作したことがあるが栽培は容易である。なお、この種を前提としたと考えられる、『牧野新日本植物図鑑』や『週刊朝日百科』、『世界の植物 109』の京都大学河野昭一教授の園芸チューリップの解説で「……原種は白色に赤く縁どられたものである……」との記載は適切を欠き、むしろ、名古屋大学志佐誠教授、京都大学塚本洋太郎教授、新潟大学萩屋薫教授らの園芸チューリップはもともと雑種起源とする説が妥当ではなかろうか。

◀クルシアナ・クリサンサ種
（チューリップ文庫コレクション　1996年新潟市小針西にて）

◀クルシアナ種
（新潟県花卉球根農協『新潟の球根総目録』1997年刊から）

27話. 育種資源として有効な3種の野生種

　オランダの王立球根生産者協会が1996年に発刊した『チューリップ品種の分類と国際登録リスト』によれば野生種は152種、その後に発見されたものを含めると約160種を数える。これらの野生種のうち新品種の育種資源として有望されてきたのがフオステリアナ種、グレーギー種そしてカウフマニアナ種で、これらは系統分類で1958年以降は独立した系統として扱われている。

①フオステリアナ種　ウズベキスタンのブハラで採取され、オランダのチュベルゲン社に送付、ホッグによって記載。その後1906年にアービングによって正式に記載される。種小名はイギリスの医師、植物学者フオスターに由来。花色は美しい朱紅色で、交配親和性高い。昭和31年に初輸入されたレッドエンペラーは見事な鮮紅色で驚嘆させられた。

②グレーギー種　トルキスタンで発見され、サンクトペテルブルグ植物園長のレーゲルが1873年に記載。種小名の由来は当時ロシア園芸協会長、陸軍中将のグレーギィ（1827–1887）にちなむ。自生地は中央アジアの広域に分布。草丈30センチ花色は鮮赤色が基本で、まれに黄花もある。葉には虎斑がある。親和性高く多くの園芸品種が育成されつつある。

③カウフマニアナ種　サンクトペテルブルグ植物園長レーゲルによって1877年に記載。種小名の由来は1861年からトルキスタンの総督を務めたカウフマン（1818–1882）にちなむ。分布は中央アジアの広域に自生。草丈約30センチの中生種、花色は白又はクリーム色の大輪。交配親和性高く、特にフォステリアナ系との交配で花色が多彩となるも、促成主体の日本ではやや人気を欠く。

(K) グルック

◀カウフマニアナ系の品種の多くは促成向きでないため わが国では関心がうすかった
（新潟県花卉球根農協、新潟の球根総目録から）

グレーギー系の品種は葉に虎斑があり▶
多くの品種が育成されている

(G) ザンバ

◀ホオステリアナ系のピューリシマは昭和18年発表で別名をホワイトエンペラー 1月促成可

28話 . アクミナタ種から生れる
ユリ咲き系チューリップ

　アクミナタ種は、ウルミエンシス種とともに現在でも自生地が確認されていない特異な野生種である。しかも、アクミナタ種の命名者は、野生種の自生のないデンマークの植物学者によって1813年に記載されている。

　アクミナタという種小名の語源は、「花被片の先端が尖る」ことを意味する。この種は、17世紀からトルコで知られていた。イスタンブール大学バイトフ教授の『イスタンブールチューリップ』（砺波市チューリップ四季彩館 1996 年刊）や、サム・シゲール著『チューリップの肖像』1992 年刊に掲載されている Neeld Tulip は、アクミタナ種の仲間と考えられる。したがってこのアクミナタ種は、園芸チューリップの一種とも考えられている。2009 年の英王立キュウ植物園の照合表でもゲスネリアナ種としている。

　花は赤色で、黄色の縦絞りがある。花被片は 6 − 7 センチと長く、先端は鋭く尖る。晩咲きで 5 月に開花、長期間咲き続ける。ウイルスに弱く、球根の肥大や繁殖は良くない。この種は園芸品種と容易に交雑し、ユリ咲系の品種を生ずる。

　かつて、新潟大学萩屋薫教授（1919–2006）が育成し、1984 年に発表した、「星シリーズ」品種もこの種が花粉親である。星シリーズの「星のささやき」の球根は、2015 年の現在も富山県花卉球根農協から発売されている。

アクミタナ種
(チューリップ文庫コレクション　新潟市小針西　2000年)

「星シリーズチューリップ」を育成
した萩屋薫新潟大学名誉教授

星シリーズの「星のささやき」
富山県花卉球根農協の販売袋絵

29話．新種「塔城郁金香」の種小名は動物名由来

　最近、中国新疆ウイグル自治区で発見され 2000 年に命名記載された中国名「塔城郁金香」の学名の種小名は、植物文化史又は植物地理学の視点からも興味あることを教えてくれる。

　「塔城郁金香」の種小名は、タアチェニカ tachenica が妥当であるが、タルバガタイカ tarbagataica である。これには次の理由がある。

　「塔城」は「塔尔巴哈台城」の略称で「塔尔巴哈台山」により名付けられた。「塔尔巴哈台」はモンゴル語であり、マーモットが多い所という地名であるという。「塔尔巴哈台城」の発音に似せてラテン語では、tarbagataica と記載したのである。

　ちなみに、学名に tarbagataica の種小名を付された植物もいくつかある。例えば塔城菫菜（スミレ）、塔城浜弁慶草（ハマベンケイソウ）、塔城柳（ヤナギ）などが知られている。

（この稿は新潟大学農学部韓東生先生から教えをうけた）

〈メモ〉
　Tulipa larbagataica の塔城は塔尔巴哈台城の略称でモンゴル語でマーモットの多い所という。Tulipaで種小名の動物由来は珍しい。

マーモット　上野動物園絵はがきのモンゴルマーモット

30話. フランスのサボア地方に咲く
ネオ・チューリップ

　チューリップ野性種で、フランス、イタリアで発見記載された種は、ネオ・チューリップと呼ばれ、キューガーデンの照合表ではゲスネリアナ種としている。これらの野性種は、フランス南東部サボア地方に集中して発見記載されている。以下はサボア地方で発見された野性種（ネオ・チューリップ）のあらましである。

1. エイムのチューリップ（T.aximensis）. 1894年記載、種小名はエイム町の古称ナルボン町のラテン語エイキシマにちなむ。深暗赤色で、灰緑色の花底斑がある。

2. ビリエのチューリップ（T.billietiana）1858年にサン・ジュアン・デ・マウリエネで発見。種小名はシャンベリー市の大司教で植物学者のビリエにちなむ。黄色花で、花被の縁は橙緋。

3. ディディエリのチューリップ（T.didieri）、1846年、サンジャンド・モリエンヌで発見。種小名はアルベールビル郡長で植物学者で発見に係わったディディエリにちなむ。渋い赤色花である。

4. マージョレッティのチューリップ（T.marjolettii）、1894年に発見。種小名は、エイム町の公証人で植物学者マジョレッティにちなむ。クリーム白で淡紅色のボカシの花。

5. モリテネのチューリップ（T.mauritiana）、1858年の発見。種小名は地名のサンジャンドモリエンヌにちなむ。花は緋色、花底に黄色のふちの黒斑がある。

6. モンアンドレのチューリップ（T.montisandrei）、1994年発見の新種、種小名は、サボアのアンドレ山（モンアンドレ）にちなむ。花色は洋紅色、花被の先はトゲ状。

フランスのサボア地方に咲くチューリップ野生種

エイムのチューリップ

ビリエのチューリップ

ディディエリのチューリップ

マージョレッティのチューリップ

モリテネのチューリップ

モンアンドレのチューリップ

　掲載の画像はフランスのCancervation Botnique National Alpin（略称ＣＢＮＡ）によるもので　日佛会館図書室　清水裕子さんの提供による（縮小）

31話. チューリップはアマナ属ではない

　現代の植物や園芸図鑑あるいは図譜などのチューリップの属は、チューリップ属、トウリッパ属、チューリップ（アマナ）属、アマナ属などと記載はかなり混乱している。

　たしかに日本に初めてチューリップが輸入されだした頃は、山慈姑属、つまりアマナ属であったこともある（『帝大、理科大学植物標品目録』〈明治19年〉所収）。

　しかし、昭和10年に東京帝大の本田正次（1897–1984）教授によって、チューリップ属のうち、わが国にも自生するアマナについて、その形態的特徴からチューリッパ属から独立したアマナ属とすることが提起され現在にいたっている。

　現在はチューリップの国際登録機関であるオランダ王立球根生産者協会の資料では、アマナについてだけ括弧書きでアマナ属と併記している。つまり、アマナだけをアマナ属としてチューリップ全体をアマナ属とする根拠はないのである。チューリップはあくまでもチューリッパ属である。

◀本田正次教授
明治30年熊本市に生れ　大正10年東京帝国大学理学部植物学科卒業　東京帝国大学教授　理学博士　植物友の会会長

◀本田教授のアマナ論文（日本生物地理学会会報 Vol.6, No.3. 19頁〜21頁（A5判を縮小））

32話．サクラソウ自生地「田島ヶ原」に咲くアマナ

　アマナは、かつて東京や埼玉県などの山野や河川敷などにごくありふれた野草であったことが、明治期の園芸図書、例えば前田曙山著『園芸文庫』第10巻（明治36年刊）から知ることができる。しかし今では、そのアマナを首都圏ではほとんど見ることができなくなった。唯一、埼玉県さいたま市桜区のサクラソウ自生地・田島ヶ原を、サクラソウに先駆け3月中旬ごろに訪れると、実に見事なアマナの咲く群落を見ることができる。

　私は、昭和50年代の終わりに2ヶ年新潟県佐渡郡相川町に住み、外海府のところどころの畦畔や、大佐渡スカイラインの草地に咲くアマナを観察してきた。東京在住の今は、佐渡や三重県藤原岳を訪れなくとも、懐かしいアマナを田島ヶ原で観察できるのは幸いである。

　田島ヶ原のアマナには、どうやら2系統があるようである。原の入口に咲くアマナは紫の條斑が濃く鮮やかで、原の中心部に咲くアマナは、紫の條斑が薄い特徴がある。

サクラソウの自生地「田島ヶ原」に咲くアマナの群落
(チューリップ文庫コレクション)

サクラソウの自生地「田島ヶ原」に咲くヒロハノアマナ
(チューリップ文庫コレクション)

33話. アマナの北限についての誤解

　講談社刊『週刊花百科⑤　チューリップⅠ』に、かつてのチューリップの仲間として1頁大の見事なアマナの写真が掲載され、解説で自生地について「……福島県、石川県以西に分布……」と記載している。出典は明確でないが、おそらく『日本の野生植物、草本1』（単子葉類）佐竹義輔ほか編、1981年平凡社刊の記載を引用したものと思われる。この記載は明らかな誤りである。

　すなわち、新潟県では、すでに大正15年刊の中村正雄著・新潟県天産誌に記載があり、ありふれた野草であった。特に佐渡市では、ムギノマンマという地方名があるほど一般的で各地の草地や畦畔に自生が確認される。なお新潟県の内陸にも自生が確認される（石沢進編『新潟県植物分布図集』第17集）。

　ところで、近年は各県ごとにレッドデータブックが作成され植物分布が明らかにされている。アマナの日本海側の北限を厳密に規定するならば、秋田県自然保護課の担当者によれば、にかほ市旧仁賀保町とのことである。また、太平洋側も福島県以西ではなく、宮城県自然保護課編『宮城県の希少な野生植物』及び担当者によれば伊賀郡丸森町の2ケ所にアマナの自生が確認されるとのことである。

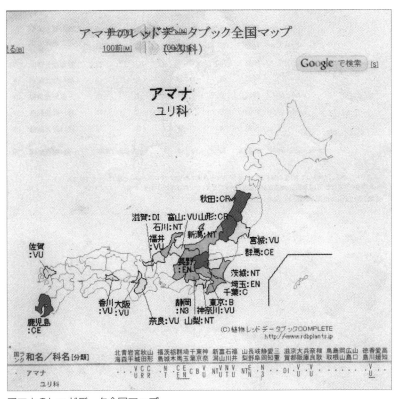

アマナのレッドデータ全国マップ

34話 . アマナは絶滅の恐れはないのか

　私は、チューリップの研究に参加した学生の頃から、アマナは、チューリップの仲間として興味のある野草であった。そのアマナは、植物分類のうえでは、3度も属名が変更される不思議な植物でもある。しかも日本では、東北から九州まで分布し、中国でも 13 省の広域に自生が確認されているという。

　このアマナについて、環境省の 2000 年刊の改訂『日本の絶滅のおそれのある野生生物 8』（維管束植物）では、どうしたことか絶滅危惧植物とはなっていない（ヒロハノアマナは絶滅危惧 2 類）。

　都府県のレッドデータブックによれば、ナマナについては、22 都府県で、ヒロハアマナについては 16 都府県で、希少又は危惧植物にランクされている。

　なお、本邦中部以南の多くの県ではアマナ・ヒロハノアマナともに危惧にランク付けされていないが、果して自生が確認されての結果なのか、又は資料不足なのか定かでない。

長野県千曲市のレッドデータブック
市町村のレッドデータブックは貴重である
アマナは長野県版と同じで 1B 類

〈追記1〉 野生種の学名記載年と種小名の語源 (未定稿)

　ここでは、チューリップ各野生種の学名記載年と種小名の語源について要約して記載した。別途に命名者の略歴、自生地 (分布)、生形態のあらまし、キュウガーデン照合表との対比、その他参考事項を調査してあるが、ここでは省略した。

> 〈メモ〉
> 　2013年刊『Diana Evertt,The Genus Tulipa』はチューリップ野生種に係る画期的著作であるが、種小名の語源・由来の記載はない。

1 アクミナタ　acuminata 1813. 種小名は (以下略)、花被片が尖るに由来する。

2 アフィニス　affinis 1961. 野生種の「近緑種」「仲間たち」を意味する。

3 アゲネンシス　agenensis 1804. フランス南西部ガロンヌ川沿いの町アジャン (Agan) に由来。

4 エイチソニィ　aitchisonii 1938. 英RHSフィローのエイチソン (1835–1898) に由来。

5 アルバティ　albertii 1877. エドワード・レーゲルの息子アルバート (1845–1892) に由来。

6 アレッペンシス　aleppensis 1873. 発見地 (草原) の北シリアのアレッポに由来する。

7 アルタイカ　altaica 1825. 自生地のアルタイ山脈に由来する。

8 アナドロマ　anadroma 1961. 花被片がばらばらに隙間がある。

9 アニソフィラ　anisophylla 1935. 葉が「不均整」であることを意味する。

10 アルメナ　armena 1859. 自生地のアルメニアにちなみ命名。

11 オウシェリアナ　aucheriana 1883. フランスの探検家オーシェエロアに由来。

12 オウレオリナ　aureolina 1976. 花は黄金色であることを意味する。

13 オウストラリス　australis 1799.「南の」「南方系」を意味する。

14 エイキシメンシス　aximensis 1894. フランス・サボアのエイム町の古称ナルボン町のラテン語名。

15 ベイケリ　bakeri 1838. クレタ島の球根類を調査したイギリスのベーカー (1856–1951) に由来。

16 バルダッチィ　baldaccii 1893. イタリアの植物学者、バルダッチィ (1867–1950) にちなむ。

17 バヌエンシス　banuensis 1974. 発見地のアフガニスタン東部の都市バヌにちなむ。

18 バタリニィ　batalinii 1889. ロシアの植物学者バタリン (1847–1896) にちなむ。

19 ベーミアナ　behmiana 1879. ドイツ人植物学者地理学者のベイム (1830–1884) にちなむ。

20 ビェベルシュタイニアナ　biebersteiniana 1829. ドイツの自然科学者ビュベルシタイン (1768–1826) にちなむ。

21 ビフロラ　biflora 1776.「二つの花を付ける」ことを意味する。

22 ビフロリフォルミス　bifloriforumis 1935. 二型の花をつけることを意味する。

23 ビリエテアナ　billietiana 1858. フランスのシャンベリーの大司教ビリエ（1738–1873）に由来。

24 ビヌタンス　binutans 1952.「二重に傾いている」「垂れ下がっている」ことを意味する。

25 ビチュニカ　bithynica 1874. トルコのアナトリア地方の古代王国のビチュニアにちなむ。

26 ボエオティカ　boeotica 1859. ギリシャ北西の古代都市国家ボイオティアに由来。

27 ボルシュゾウィ　borszczowii 1868. ロシア植物学者ボルシェチョウ（1833–1878）由来。

28 ブラキュステモン　brachystemon 1882. 雄ずいが短いチューリップの意味。

29 ブーセアナ　buhseana 1859. ラトヴィアの植物学者、探検家ブーセ（1821–1892）に由来。

30 ブトコフィ　butkovii 1961. タシケント北東チムガンで採取したブトコバ（1911–1981）に由来。

31 カリエリ　callier 1897. クリミアを調査したドイツ人植物学者・カリュエリ（1866–1927）由来。

32 カリナタ　carinata 1935. 花冠の特性「竜骨弁（舟弁）のある」を意味する。

33 コーカシカ　caucasica 1905. 地名コウカサスに由来する。

34 セルシアナ　celsiana 1803. 摂氏温度計考案のセルシウス（1701–1744）に由来。

35 クルシアナ　clusiana 1803. オランダのチューリップの功労者クルシウス（1526–1609）由来。

36 クレテカ　cretica 1853. 自生地ギリシャのクレタ島に由来。

37 キプリア　cypria 1934. 自生地のキプロスに由来。

38 ダンマンニィ　dammannii 1889. イタリア・ナポリの種苗会社ダンマニィ由来（要再検討）

39 ダシュステモン　dasystemon 1877.「有毛の雄しべがある」ことを意味する。

40 ダシュステモノイデス　dasystemonoides 1935. ダシュステモン種に似ているとの意味。

41 ディディエリ　didieri 1846. フランスのアルベールビル郡長ディディエリ（1811–1889）に由来。

42 ドウビア　dubia 1935.「疑わしい」「あいまいな」でカウフマニアナ種とまぎらわしいこと。

43 エドリス　edulis 1867.（Amana 1935）「食べられる」に由来する。

44 アイヒレリ　eichleri 1874. 採取者のドイツの旅行家アイクラー（1839–1887）に由来。

45 エトルスカ　etrusca 1884. イタリアのトスカーナ地方の古代都市エトルリア由来。

46 フィルガニカ　ferganica 1935. 自生地のウズベキスタンのフェルガナ地域に由来。

47 フロレンスキィ　florenskyi 1924. フロレンスキィ（略歴未確認）に献名。

48 フォステリアナ　fosteriana 1906. イギリスの医師、植物学者フォスター（1836–1907）由来。

49 ガラティカ　galatica 1896. トルコの北部ガラティアという古い地名にちなむ。

50 ゲスネリアナ　gesneriana 1753. スイスの博物学者ゲスナーにちなみ命名。

51 ゴウリミィ　goulimyi 1956. 発見者のギリシャのアマチュア植物学者ゴウリミス由来。

52 グラミニフォリア　graminiforia 1875.「いね科植物のように細い葉」という意味。

85

53 グレーギー　greigii 1873. ロシア園芸協会長で陸軍中将グレーギ（1827–1887）由来。

54 グレンギオレンシス　grengiolensis 1946. 発見地のスイスの地名グレンギオルスに由来。

55 グレンウィルソニィ　grey-wilsonii 1990. キュウ植物園グレー・ウィルソン（1944–）由来。

56 グリセバキアナ　grisebachiana 1873. ドイツのゲッティンゲン大学教授グリセバッハ（1814–1879）由来。

57 ハゲリ　hageri 1874. 命名者と共にこの種の発見者英ハノーバ王家のハゲルにちなむ。

58 ハラゼンシス　harazenis 1990. 自生地イラン北東部ハラゼ川流域の地名由来。

59 ヘテロフィラ　heterophylla 1874.「葉の型が違う」「葉に特徴がある」に由来。

60 ヘテロテパラ　heterotepala 1829.「いろいろ違った花被片がある」ことを意味。

61 ヒッサリカ　hissarica 1935. 古代トロイの遺跡があるヒッサリクに由来。

62 ホーキアナ　hoogiana 1910. オランダのチューベルゲン社長ホッキ（1865–1950）由来。

63 フミリス　humillis 1844.「背丈が低い」「矮小である」と形態的特徴。

64 ハンガリカ　hungarica 1882. 自生地、発見地のハンガリー国に由来。

65 イリエンシス　iliensis 1879. カザフスタンのバルハシ湖に注ぐイリ川にちなむ。

66 インゲンス　ingens 1902. 大型のチューリップであることを意味する。

67 ユリア　julia 1849. 女性の名前に由来。特定の献名個人があるかは未確認。

68 カギイジマニカ　kaghyzmanica 1908. トルコ領アルメニアのカギイジマンの地名由来。

69 カラバケンシス　karabachensis 1936. 自生地アゼルバイジャンのカラバフに由来。

70 カウフマニアナ　kaufmanniana 1877. ロシアのトルキスタン総督カウフマン（1818–1882）由来。

71 コクテベリカ　koktebelica 1916. クリミアのコクテベルの地名由来。

72 コルパコウスキアナ　kolpakowskiana 1877. セミレーチェの統治者コルパコウスキィ（1819–1896）由来。

73 コロルコウィ　korolkowii 1874. 南カザフスタンでこの種の発見者コロルコウ（1837–?）由来。

74 コルシンスキィ　korshinskyi 1935. ロシアの植物学者コルシンスキィ（1861–1900）由来。

75 クルディカ　kurdica 1974. 自生、発見地からクルド人（族）にちなみ命名。

76 クシュケンシス　kuschkensis（1914）1934. 発見地トルクメニスタンのクシュカに由来。

77 ラナタ　lanata 1884.「羊毛のような」「軟毛のある」を意味する。

78 レーマニアナ　lehmanniana 1851. ロシアの植物学者で28歳で客死したレーマン（1814–1842）に由来。

79 ライヒトリニィ　leichtlinii 1887. ドイツのバーデンの植物学者ライヒトリン（1831–1910）由来。

80 リニフォリア　linifolia 1884. 葉が「亜麻の葉に似ている」ことを意味。

81 ロウネイ lownei 1874. イギリスの植物学者ロウネイ由来。

82 ルリダ lurida 1884. 花色が汚褐色に変化することを意味する。

83 マクラタ maculata 1874. 花被片に「斑点・斑(マダラ)がある」を意味する。

84 マレオレンス maleolens 1823.「異臭がある」ことを意味する。

85 マリアンナエ mariannae 1939.「葉に乳液がしたたり落ちる斑点」を意味。

86 マージョレッティ marjolettii 1894. フランスのサボアのエイム公証人マジョレッティ
(1828–1894)にちなむ。

87 マアテリィアナ martelliana 1884. イタリア・ローマ大学マアティリィ(–1820)にちなむ。

88 マウリテアナ mauritiana 1858. フランス・サボアのサンジャンド・モリエンヌ地名由来。

89 マキシモヴィッチイ maximowiczii 1889. ロシア系ドイツ人植物学者マキシモヴィ
ッチィ(1827–1891)由来。

90 ミシェリアナ micheliana 1902. スイスのジュネーブの地主ミシエーリ(1844–1902)由来。

91 モゴルタヴィカ mogoltavica 1935. タジキスタンのモゴルタウの地名由来。

92 モンタナ montana 1827.「山地に生える」を意味する。

93 モンアンドレイ montisandrei 1994. フランスのサボアにあるアンドレ山に由来。

94 ムクロナタ mucronata 1908. 葉の先端に「微突起」「とげ」がある意味。

95 ネウストルエヴァエ neustruevae 1949. ロシアの女性植物学者ネウストルエヴァ
(1896–1979)にちなむ。

96 ニティダ nitida 1902.「光沢がある」という意味。

97 オレオフィラ oreophila 1990.「山が好き」「山地に生える」を意味。

98 オリセオイデス orithyioides 1935. オリセア属の植物に似ているの意味。

99 オルファニデア orphanidea 1862. ギリシャ・アテネ大学教授オルファニデス(18
17–1886)に由来。

100 オルソポダ orthopoda 1871. 形態的特徴の「直立性」を意味する。

101 オストロウスキアナ ostorwskiana 1884. ロシア植物学界の後援者オストロフスキィ
(1827–1901)由来。

102 パッセリニアナ passeriniana 1884. イタリアのパルマ植物園長パッセリニ(1816–
1893)由来。

103 パテンス patens 1829. 花弁が「開出する」「広がる」との形態的特徴に由来。

104 パヴロフィ pavlovii 1951. ロシアの生理学者パヴロフ(1842–1936)を記念する。

105 プラニフォリア planifolia 1858.「葉が扁平である」との形態的特徴による。

106 プラティステモン platystemon 1935.「広く大きな雄ずい」を意味する。

107 プラティスティグマ　platystigma 1855.「広い大きな柱頭」を意味する。

108 ポリュクロマ　polychroma 1885.「多彩色」を意味する。

109 プラエコックス　praecox 1811.「早咲き」を意味する。

110 プラエスタンス　praestans 1903.「著しく目立つ」「秀でている」ことを意味する。

111 プリムリナ　primurina 1882.「サクラソウ属のような」を意味する。

112 レーゲリィ　regelii 1887. 多くのチューリップを命名したレーゲル（1815–1892）由来。

113 ロードペア　rhodopea 1922. 発見のブルガリアのロードペ山に由来する。

114 ロセア　rosea 1935. 花の色が「バラ色（桃色）」であることに由来。

115 サラセニカ　saracenica 1905.「サラセン（人）」「アラブ（人）」を意味する。

116 サクサティリス　saxatilis 1825. 自生地の環境の「岩の間に生える」を意味する。

117 スカブリスカパ　scabriscapa 1837.「ざらざらした花茎」を意味する。

118 シュミッティ　schmidtii 1909. リヴォニア出身の植物学者シュミット（1832–1908）にちなむ。

119 シュレンキィ　schrenkii 1881. バルト系ドイツ人植物学者、シュレンク（1816–1876）由来。

120 セグシアナ　segusiana 1894. イタリア北西部の町スサの古称のラテン語名にちなむ。

121 セロティナ　serotina 1838.「晩生の」「おそ咲き」を意味する。

122 ソグディアナ　sogdiana 1854. 地名ソグデアナ（中央アジアのソクド人の町）に由来。

123 ソミュエリ　sommieri 1884. イタリアの植物学者ソミエル（1848–1922）由来。

124 ソスノウスキィ　sosnowskyi 1950. ソ連邦植物学者ソスノウスキイ（1885–1952）由来。

125 スプレンデンス　splendens 1976.「立派な」「輝いている」野性種を意味する。

126 スプレンゲリ　sprengri 1894. ドイツの園芸家スプレンガー（1846–1917）にちなむ。

127 スタフィ　stapfii 1934. オーストリアの植物学者スタフィ（1857–1933）に由来。

128 ストラングラタ　strangulata 1822.「狭くなってまた広くなる」「絞られた」の意味。

129 スブプラエスタンス　subpraestans 1935. プライスタンス種に類似する意味。

130 スブクインクエフォリア　subquinquefolia 1946.「5枚の葉がある」との意味。

131 シルベストリス　sylvestoris 1753.「森に自生する」「森林性の」を意味する。

132 システラ　systora 1885.「ほふく茎」で繁殖することを意味する。

133 タリエフィ　talievii 1936. ロシアの植物学者タリエフ（1872–1932）にちなむ。

134 タルダ　tarda 1933.「ゆっくり開花（成長）する」「晩生種」の意味。

135 テトラフィラ　tetraphylla 1875.「4枚の葉のついた」の意味。

136 テンシャニカ　tianchanica 1879. 自生・発見地の天山山脈にちなむ。

137 チムガニカ　tschimganica 1961. ウズベキスタンの自然保護区チムガン渓谷由来。

138 チューベルゲニアナ　tubergeniana 1904. オランダのチューベルゲン社の創立者にちなむ。

139 トルコマニカ　turcomanica 1932. トゥルクメン族にちなむ。

140 トルケスタニカ　turkestanica 1875. トルケスタン（現中央アジア）産を意味。

141 ウロフイラ　ulophylla 1964.「木のような葉をもつ」の形態的特徴。

142 ウンドウラティオフォリア　undulatifolia 1844.「波状葉」「うねった葉」の意味。

143 ウニフロラ　uniflora (1767)1874.「単花の」「一花咲き」の意味。

144 ウルミエンシス　urmiensis 1932. イランのウルミエ塩湖に由来。

145 ウルモフィ　urumoffii 1911. ブルガリアの植物学者ウルモフ（1857–1937）由来。

146 ウズベキスタニカ　uzbekistanica 1971. ウズベキスタンに産するを意味する。

147 ヴェネリス　veneris 1939. 自生地のキプロスのヴィーナス生誕伝説にちなむ。

148 ヴヴェジェンスキィ　vvedenskyi 1954. 旧中央アジア大学教授ヴヴェジェンスキィにちなむ。

149 ホイッタリィ　whittallii 1929. イギリスのプラントハンターのホイッタル（1851–1917）にちなむ。

150 ウィルモッティアイ　willmottiae 1900. イギリスのアマチュア園芸家ウィルモッテ（1860–1904）由来。

151 ウィルソニアナ　wilsoniana 1902. 英ウィズリー植物園所有者・ウィルソン（1822–1902）由来。

152 ジナイーダェ　zenaidae 1935. タシケント植物園のボチャンツェヴァ女史の名前による。

153 カラウセアナ　krauseana 1880. 採取者のカラウス（1845–1909）にちなむ。

1996 年以降に発見された新種（ほか 4 種あり報文未入手）

1 シンナバリナ　cinnabarina 2000. 花色が朱色（cinnabar）である。

2 ファリバイ　faribae 2007. イランの植物学者ファリバ・ガーレマンに献名。

3 ギュミュサニカ　gumusanica 2002. 自生地トルコ東北部ギウミュサニ州にちなむ。

4 ヘウェリィ　heweri 1998. この種の発見者のヘイワー（英・キュウ植物園）にちなむ。

5 カラマニカ　karamanica 2000. トルコ南部カラマンの地名由来。

6 モンゴリカ　mongolica 2003. モンゴル地方（Mongolia）に由来。

7 タルバガタイカ　tarbagataica 2000. 新疆ウイグル自治区塔城の地名由来。

8 ウェンデルボイ　wendelboi 1998. スウェーデン・イエーテボリ大学のウェンデルボ（1927–1981）に献名。

〈品種の記憶　3〉
レッド エンペラー・Red Empero. F.1931　Madam Lefeber
——昭和31年・燃えるような鮮紅赤色に驚愕させられた——
（チューリップ文庫コレクション・新潟県花卉球根農協資料から）

Ⅳ. 日本人画家の描いた
   チューリップ画の話あれこれ

　絵画など美術作品の観賞は感性の分野であり、人によって見か
たが違うことが多い。私は前著『チューリップ・鬱金香―歩と育
てた人たち』の資料文献では、絵画など美術関係資料について記
載が欠落していた。そこで十数年をかけて「チューリップを描い
た日本人の画家たち」を探索してきた。そして、探索もれも少な
くないと考えられるが、ようやく百数十人の画家のチューリップ
モチーフ画を観賞することができた。

　さて、チューリップモチーフ画はどうやら単純すぎて子供にも
描けるが、画家にとっては意外と難しいようである。描かれた
チューリップ画も多くは切花か花瓶に生けられたもので大地に咲
くチューリップを描いた作品は全くといってよいほどに見当たら
ない。これは日本人画家だけでなく、西洋の画家でも、モネのオ
ランダのチューリップ畑が描かれた2点の作品を私は知るだけで
ある。新潟市在住の知人の洋画家に尋ねたことがあるが、何年、
何回かチューリップの風景画を試みてはいるが、意にそった作品
とならず断念したとのことであった。ここでは長年にわたりチュー
リップを見続けてきた私の、園芸文化史的視点での観賞批評とし
て百数十人の日本人画家のチューリップモチーフ画のなかで、私
的に印象に残る作品にふれてみたい。

35話. 明治前期に腊葉のチューリップを 描いた山本章夫

　明治前期のチューリップモチーフ画として、山本章夫氏の腊葉を描いたチューリップ画は貴重である。

　山本氏は、江戸時代後期の本草学者山本亡洋（1778–1859）の三男として、京都市で文政10年に生れ、幼名を藤九郎で維新後に章夫に改める。

　山本氏は京都市立美術学校や日本弘道会京都支部講師を務め、賛育社を創立し本草医薬学の育成に尽力した。更に多くの著作を著している。花卉類の著作に『蠻草写真図』や『本草写生図譜』などが著名である。

　山本氏のチューリップモチーフ画は『本草写生図譜』に1作品が知られているが、いつ頃の作品かは定かでないが、「山本章夫」の落款からすると明治期の作品と考えられる。この絵は「押し花を描いた」ものとされており、たしかに褐色の色彩は腊葉を描いたと考えられる。花被片にはウイルス病斑がみられ、チューリップ3花のうち2花は花被片が6枚でなく5枚の奇形花が描かれている。このチューリップ画の成立には謎が多いが、数少ない明治期のチューリップ画として貴重である。

山本章夫氏の描いたチューリップ画

36話.明治40年に辻永が描いたチューリップ画

　明治40年4月21日に辻永画伯は、福井市の松平農場に咲くチューリップを描いている。この絵は近代の日本人画家によって描かれた最初のチューリップ画ではなかろうか。日本画も洋画ともに明治時代にチューリップを描いた絵はほかには見当たらず貴重な絵である。

　辻画伯によって描かれたチューリップ画は、2品種描いている。そのうちの1品種は黄覆輪の赤花で、カイザースクルーンという品種で当時の代表的な品種であった。大正年代となって新潟県に球根生産が立地したときの主要品種でもあった。この品種はウイルス病にも強く、繁殖力もあって作り易く、新潟県での球根生産は戦後まで続いたチューリップである。

　なお、辻画伯は、昭和15年4月19日に自宅の庭に咲いた、メンデル系の品種名モザートという外花被が白で紅覆輪の花を描いている。この品種も、新潟県では戦後の主要な品種で、戦後も暫くの間球根が生産されていた品種である。

辻永のチューリップ画

▲明治40年4月
福井市松平農場
萬花図鑑第一巻
（昭和五年刊）

◀昭和15年自宅の庭
に咲いた品種モザー
ト萬花図鑑第3巻
（昭和30年刊チュー
リップ文庫蔵書）

37 話. 平福百穂の「婦人の友」 表紙絵のチューリップ画

　チューリップは、明治の半ば以降に、ようやくごく限られた人に観賞できるようになった比較的新しい花である。しかも花形が単純で、当時の日本人画家の興味をひく花ではなかったようである。日本人画家によるチューリップ画は明治 40 年に辻永画伯によって描かれているが、その絵の発表は、昭和 5 年刊の『萬花図鑑』によってである。更に大正時代も描かれたチューリップ画も少ない。

　たまたま、平成 18 年秋に、秋田県仙北郡角館町の新潮社記念文学館展示コーナーで購入した平福画伯の「婦人の友」表紙絵ハガキの一枚にチューリップが描かれていた。この絵は「婦人の友」大正 7 年 12 月号の表紙に使用されたもので、赤・黄・橙色の 3 花のチューリップが描かれていた。この絵のほかにも平福画伯は、「婦人の友」大正 5 年 4 月号の表紙絵に黄花のチューリップを描いている。

　「婦人の友」のチューリップの表紙絵は、当時は一般に馴染みの少なかった時代で、少なからずチューリップへの関心を高めることに役立ったのではなかろうか。

平福百穂画伯のチューリップ画

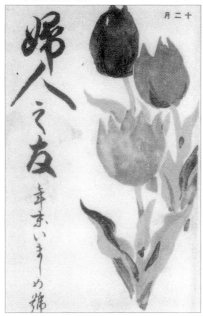

◀婦人の友大正7年
　12月号表紙

◀婦人の友大正5年
　4月号表紙

38話. 昭和の代表的品種ウイリアムピットを
　　描いた小倉遊亀

　小倉画伯のチューリップ画には、昭和24年にウイリアムピット
を描いた作品名「チューリップ」と昭和39年に4花のクインオブ
ナイト品種と赤花1花の作品名「チューリップ」が知られる。

　さて、小倉画伯は、美術学校で学んだことのない異色の画家で
ある。小倉画伯は、明治28年滋賀県大津市に生まれ、旧姓は「溝
上」。奈良女子高等師範学校を卒業し、京都、名古屋、横浜で小学
校や女学校の教諭となり、大正9年に安田靫彦に師事し、画家と
なる。昭和51年芸術院会員、昭和55年に文化勲章を受賞した。

　小倉画伯が昭和24年に描いた赤花チューリップは、新潟市の実
業家の敦井栄吉さんから贈られた球根から咲いたウイリアムピッ
トという品種を描いたもので、この作品は現在新潟市の敦井美術
館に所蔵されている。昭和24年当時は、チューリップの球根を入
手することは容易でなかったが、新潟市の実業家敦井栄吉氏は、
戦前は新潟農園の取締役で、戦後は新潟農園の跡地の一部で、敦
井農場を経営し、主として赤花のウイリアムピットを生産してい
た。昭和30年代に同地が、東北電力の火力発電所建設のため買収
されるまで、球根を生産し、懇意にしていた財界人や、美術関係
者に球根を贈呈し続けていたのである。私は、敦井農場に隣接す
る高橋南山苑の圃場から、卒論実験の材料の提供を受け、10日間
隔で計9回敦井農場の管理人の大港松太郎氏から掘り取器具を借
用しており、大港宅で訪れてきた敦井さんからチューリップの話
をよく聞かされた記憶があるが、本旨でなかったので、誰に贈っ
たなどの詳しいことは卒論雑記帳に記載がないのは残念である。

作品名「チューリップ」(昭和 24 年)

作品名「チューリップ」(昭和 39 年)

39話. 裸婦を描いて作品名「チューリップ」 とした和田英作

　長年に亘りチューリップのモチーフ画を探索してきて、裸婦にチューリップが添えられている作品は数少ない。ここで紹介する和田英作画伯の作品名チューリップのほかは、藤田嗣治画伯の「優美神」、田村孝之介画伯の「アトリエに憩う裸婦」そして広田稔画伯の「午睡」などが知られる。

　和田画伯は、鹿児島県垂水村出身で東京美術学校教授、校長、帝国芸術院会員、長年に亘り官展の重鎮として活躍した洋画家で、昭和18年には文化勲章を受章している。

　ところで、和田画伯にはチューリップモチーフ画は見当らないが、昭和2年に現在の作品名「チューリップ」という裸婦を描いた作品がある。裸婦は椅子に横向きに、うつむき加減に座り、背後に申し訳け的にピンクと赤のチューリップが本数も定かでないが描かれている。時代的背景もあって裸婦を描くことにためらいがあって作品名を「チューリップ」としたものか、あるいは描いた豊満な裸婦像をチューリップに置き換えたものだろうか。事実、この作品名は、最初の展示会では「裸婦」で、次の展示では「チューリップの花」であったという。何とも不思議な作品である。

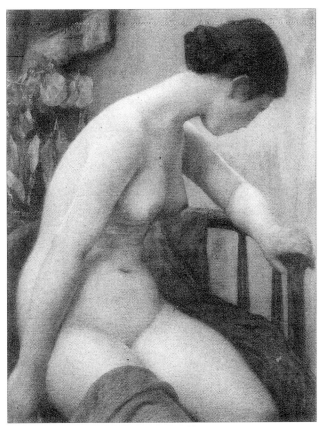

和田英作画伯の作品名「チューリップ」
(1927(昭和2)年 ブリジストン美術館蔵)

40話. 高村智恵子の紙絵のチューリップ

　詩人で彫刻家の高村光太郎氏の詩集『智恵子抄』の「あどけない話」の主人公高村智恵子さんは、福島県安達郡油井村（現二本松市)に生れる。洋画家の道を歩み始めるも高村光太郎氏と出合い、大正2年に婚約。大正3年12月から光太郎氏のアトリエで二人だけの充実しながらも長い窮乏生活を始める。昭和6年の夏ごろから精神異常の徴候があり、病状は徐々に悪化し、昭和10年2月南品川のゼームス坂病院に入院療養したが、結核の悪化もあって昭和13年10月5日、光太郎氏にみとられつつその生涯を終る。

　ところで智恵子さんの紙絵作りが、いつ頃から始められたか正確なことは分らないという。昭和12年1月から付き添い看護した姪の春子さんの「紙絵の思い出」によれば、昭和12年初夏の頃からで、制作された紙絵は押し入れにしまわれ、訪れてくる光太郎氏だけに、はにかみ乍ら見せたという。

　智恵子さんの紙絵は、死の翌年に光太郎氏によって発表され、感動をもって受け入れられた。昭和20年4月13日空襲で智恵子さんと半生を送った光太郎氏のアトリエは焼失したが、幸いなことに千数百点に及ぶ紙絵は山形、花巻、取手に疎開させてあって難を免れた。

　智恵子さんの紙絵のチューリップは、2作品が知られている。その1作品に赤いチューリップ2花と褐色花の計3花は、病める人の作品とは思われない単純だが清楚で叙情豊かに作られている。

◀高村智恵子さんの肖像
　紙絵のチューリップは『智恵子紙絵の美術館』
　光太郎と出合った明治40年27歳のころの智恵子

▼智恵子の紙絵

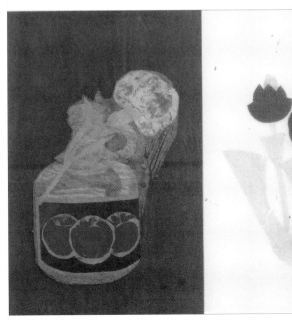

41話. 戦時下にチューリップを描いた木下杢太郎

　太平洋戦争中に描かれたチューリップ画は貴重である。この絵を描いた人は画家を生業としている人ではなく、東京大学医学部皮膚科教授の太田正雄氏。詩人で、広汎な文芸評論活動でのペンネームは木下杢太郎である。

　昭和18年3月10日東大の三四郎池畔で採取した「まんさく」の花に始まり、病魔と戦時下の燈火管制下で2年4ヶ月にわたり大学や自宅、小石川植物園あるいは旅行先での身の回りの草花を描き、絶筆の昭和20年7月27日見舞いにもらった「やまゆり」など872点を描いている。作者の没後34年の昭和54年に岩波書店から『百花譜』として出版されている。

　写生図は202×167ミリの枠付き準罫紙にほぼ原寸大に植物名、採取日付、場所などが記入され科学的正確さをもった美術作品の図譜である。

　チューリップの写生画は、747図として昭和19年4月16日の日付がある。戦時下のチューリップは桜や菊とちがい、大政翼賛会の人達からは「鬼畜米英の敵国花」として虐げられた花である。百花譜のチューリップの入手先は明らかでないが、横浜植木（株）の昭和18年カタログには30品種のチューリップ球根の広告があり、入手は必ずしも不可能ではなかったのであろう。

チューリップ
昭和19年4月16日　百花譜747図　1979(昭和54)年　岩波書店刊

42話. 藤田嗣治の「優美神」の
花園に咲くチューリップ

　藤田画伯にはチューリップのみをモチーフにした絵はないのではなかろうか。しかし、従軍画家が批判されて、傷心の昭和21年から23年にわたり描いたとされる「優美神」（聖徳大学川並記念図書館蔵）の3人の裸婦の足元に、永遠の春を象徴したのであろう花園が描かれている。その花園には、ユリ、ケシ、カーネーション、ヒナギク、ヤグルマソウ、ストック、プリムラなどとともにチューリップは、4ヶ所にそれぞれ異なる4品種が描かれている。それは左の裸婦の足元には、まだ蕾の状態の野性種のクルシアナ種と思われる4花のチューリップが描かれ、左と中央の裸婦の間には、手前に黄花の一重咲きの6花のチューリップが描かれている。更に遠方にも4花の赤花が描かれている。また中央と右側の裸婦の間の花園には、カーネーションに混じって赤い1花のチューリップが描かれている。

　「優美神」の花園に描かれた花は、チューリップをはじめ、何れも春の花である。私の知る限りでは、花の絵やデッサンが全くないなかで、これらの花は「いつ」「どこで」心象にとどめておいたのであろうか。

　「優美神」の花園は、西洋の画家の描く、例えばボッティチェルリの「春」の花園を超える見事さだけでなく、観賞する人を癒してくれる絵でもある。

藤田嗣治画伯「優美神」の花園のチューリップ
『藤田嗣治展図録』(東京国立近代美術館〈2006年〉)から

43話. 多くのチューリップモチーフ画を描いた小林古径

　小林古径画伯は、新潟県高田市（現上越市）で高田藩榊原氏の家臣の家に生れ、昭和期を代表する日本画家で、東京美術学校教授、校長そして戦後の画壇の中堅を育てた。昭和25年に文化勲章を受章している。

　小林古径記念美術館によれば、チューリップモチーフ画は実に18作品を数えるという。私は残念ながら本画を観賞していない。画集に掲載されているチューリップ画は8作品を知ることができる。しかもこれらのチューリップモチーフ画は、昭和22年から昭和29年に描かれている。描かれたチューリップの多くは、いわゆるコップ状の赤花はウイリアムピット、そして白花はアルビノ、黄花はインクレスコンムエイローという品種ではなかろうか。昭和20年代はチューリップの球根も切花も容易に入手できる時代ではなかった。おそらく小林画伯の描いたチューリップの球根は、新潟市の財界人で、美術愛好家で敦井美術館の創設者の敦井栄吉さんから贈られたものであろうと考えられる。敦井さんは、昭和20年代に戦前の新潟農園の跡地の一部で、球根生産のための敦井農場を経営し、生産球の一部を懇意にしていた財界人や美術家に贈っていたのである。私は敦井農場の管理人であった大港松太郎氏宅で、直接このことを敦井さんから聞いている。

作品名鉢花　紙本　彩色額装
昭和 28 年　山種美術館ポストカード

44話. 焼失で幻となった横山操のチューリップ画

　新潟県生れの日本画家・横山操画伯は、チューリップにひとかたならぬ思い入れがあったようである。中央公論誌昭和41年11月号の「表紙は語る」で新潟市の阿賀野川河口近くのチューリップ畑の景観の思い出を熱く語っている。しかし、その横山画伯のチューリップモチーフ画は現存していないのではなかろうか。

　横山画伯のチューリップ画について、私には残念な思い出がある。それは当時、私は新潟市に住んでおり、地元紙「新潟日報」の平成7年の記事に、新発田市西園町の「田部画廊」に横山画伯のチューリップ画が展示されたとの記事が記憶に残っている。しかし、残念ながら都合があって観賞に出かけぬうちに、田部画廊は8月15日に展示品もろとも全焼している。つまり、横山画伯のチューリップ画は、幻となってしまった。願わくば、焼失前に誰か個人に買い取られ、焼失を免れたことを願わずにはいられない。

　チューリップ

　郷里の新潟は、チューリップの栽培では、日本一だという。気候や土壌が、チューリップの成育に適しているからだろう。
　阿賀野川沿いに河口近くへ行くと、季節には、赤、黄、白、紫と、色とりどりに咲きそろって、とても美しい。土手の斜面に寝そべって、あげ雲雀を聞きながら、足もと一面にひろがる派手な花もうせんを眺めた思い出は、長い冬のあとだっただけに、いっそう楽しかった。
　季節はずれではオランダでも、チューリップの影はなく、評判の風車も、最近はほとんど電気のポンプ小屋にかわっていた。ゆるい傾斜地のかなたに、点々とサイロがある農家を見かけるのも、チューリップの母国は、北海道を思わすような、意外と広々とした眺めである。
　運河ぞいの並木に、北海から来た風が、冬の遠くないことを告げている。望郷の思いに通じた、北国の表情だった。

横山画伯の「表紙を語る」の「チューリップ」
中央公論　昭和 41 年 11 月号

45話. 二口善雄と大田愛洋の描いたチューリップ

　植物画家の二口画伯と大田画伯は、昭和期に活躍した著名な画家である。二人とも実に多くの見事な植物図譜を描いている。しかし、チューリップについての図譜そのものは見当らない。チューリップ画は、浅山英一著『原色図譜園芸植物・露地編』（1971／昭和46）年、平凡社刊に、大田画伯は、2頁に計5品種を、二口画伯は同じく3頁に17品種を描き、両画伯ともチューリップ画は、品種の特徴をよくとらえており、また、おそらく浅山氏の解説による品種名とその特徴を的確に記載している。

　二口画伯は、1900（明治33）年金沢市の生まれで、東京美術学校洋画科卒、1970（昭和45）年設立の日本ボタニカル・アート協会の創立委員。大田画伯は1910（明治43）年、愛知県田原町に生れ、奉天教育専門学校植物学教室で大賀一郎博士のもとで植物画を学び、日本ボタニカル・アート協会創立委員であった。

　ところで、二口画伯や大田画伯の残された図録を観賞すると多様な品種のある植物については、実に的確に品種名が記載されている。しかし、最近のボタニカル・アート展を鑑賞したり、作品図録で気掛りなことは、園芸作物で品種名の確実な植物について、品種名の記載がなかったり、不確実な作品が見当たることである。これらはボタニカル・アートとしていかがなものであろうか。

◀二口善雄画伯の
　チューリップ画
　（浅山英一著・
　原色図譜園芸植
　物露地編、1971
　年刊　チューリ
　ップ文庫蔵書）

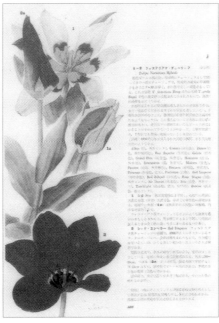

◀大田愛洋画伯の
　チューリップ画
　（浅山英一著・
　原色図譜園芸植
　物露地編、1971
　年刊　チューリ
　ップ文庫蔵書）

46話. イスラム社会のチューリップを
描いたのか・西村計雄

　西村計雄画伯の「月とチューリップ」という作品は、ほかの日本人画家のチューリップ画と違い、いとも不思議なチューリップ画である。

　西村画伯は、明治42年に北海道岩内郡共和町に生れ、東京美術学校洋画科で藤島武二教授に学び昭和9年卒業。昭和16年に長女を描いた「童子」で文展特選となる。昭和26年42歳で渡仏し、ピカソを育てた画商カーワイラーに認められ、平成4年までパリで活躍。フランス芸術文化勲章など受章多数。

　さて、西村画伯のチューリップモチーフ画には「オランダ（1962年）」、「チューリップ（1965年）」、「月とチューリップ（1977年）」の3作品が知られている。これら作品のうち「月とチューリップ」はM15号でかなりデフォルメされているが、薄明かりの月光のもと5花のチューリップは、花弁を堅く閉じている。ところで画伯は、太陽のもとではなく、あえて月あかりのチューリップを描いた意図は何であったのだろうか。そもそもイスラムの世界では「月とチューリップ」は、主要なモチーフとして知られている。画伯は、これを承知して描いたのであろうか。長女の田中育代さんによれば、画伯は個々の作品についての制作意図はあまり語られておらず、イスラムと「月とチューリップ」との関係は定かでない。ただこの作品の制作年の1977年の暮れにイスラムの国アルジェリアを旅行しているが、この絵との関係も定かでない。

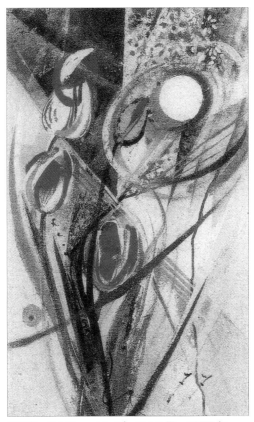

作品名 月とチューリップ M15号 1977年
（西村画伯アトリエの田中育代さんの提供）

47話．いわさきちひろの「青いチューリップ」

　チューリップの花色は、赤、白、黄色のほか桃、紫、橙と実に多彩である。しかし、色彩の三原色のひとつである青い花色のチューリップは存在せず、世界中の育種家が努力しているが、今だに育成されていない。

　園芸界にはない、この青いチューリップを、絵本画家のいわさきちひろ画伯は描いていると私は観賞した。というのは、そもそもちひろ画伯は、実に多くの作品を描いているが、ほとんど作品名はないという。作品名は後日に美術館関係者が作品整理のためにつけたものだという。

　私が「青いチューリップ」として観賞した作品には、ちひろ美術館では「青い花と小鳥と子ども」と名付けている。美術作品は、創造と感性の世界であり、作品名が無いのが、観る人の想像を豊にさせることもある。

　この作品は、雑誌「子どものしあわせ」昭和47年4月号の表紙絵として描かれており、若しかすると、メーテルリンクの「青い鳥」に思いを重ねて描いた青い花が、たまたま私には青いチューリップに見えたのであろうか。いずれにしても、この作品は想像を豊にさせる不思議な魅力がある。

いわさきちひろ画伯の「青い花と小鳥と子ども」画は雑誌
『子どものしあわせ』1978年4月号の表紙絵（草土文化社刊）
ちひろ美術館は一筆箋として販売

48話. 加倉井和夫の作品「晟庭」と 「曄」のチューリップ

　加倉井画伯は、戦後の昭和期・平成初期を代表する日本画家である。画伯には3作品のチューリップモチーフ画が知られる。

作品名	制作年	描かれたチューリップ
黒いチューリップ	昭和51年	赤をバックに花瓶と黒いチューリップ
晟庭	昭和59年	白や白に赤覆輪など22花
曄	平成7年	赤に白覆輪7花

　さて、画材としてのチューリップは、原色美や集団美ではなかろうか。これと対極にあるのが、「曄」という作品のチューリップではないかと考えられる。描かれたチューリップは、朝霧のなかに浮かび、緑の葉も朝霧のなかに霞んでいるかのようである。このような情景は球根産地やチューリップ公園などでは決してみることができないであろう。しかし、加倉井画伯がこの絵を描いたであろうアトリエのある山中湖畔の庭での、早朝のチューリップの情景が心象にあったことは十分に考えられる。そして「白の世界」を描く画伯の感性そのものが、この絵を描かせたのではなかろうか。また、この「曄」よりも11年前に描いた「晟庭」のチューリップも白を基調とする心象が見事で、多くの画家の描く花瓶に生けられたチューリップ画とは異質に思えてならない。

作品名「晟庭」(昭和 59 年)

作品名「嘩」(平成 7 年)

49話. 草間彌生のチューリップモニュメント
「幻の華」

　私が松本市美術館を訪れたのは、平成23年9月の晴れた日であった。これまでのように美術館の常設展や企画展を観賞するためではなく、屋外に展示する草間彌生画伯が制作したチューリップモニュメントの「幻の華」を観賞するためであった。

　この草間画伯の作品のあることは、わが国のチューリップ栽培の先覚者の「小山重小伝」の取材のため、長野市松代にたびたび訪れた平成18年に、地元の人から教えられていたが、松本市を迂回することなく過した。

　さて、「幻の華」を観賞した驚きは、4花のチューリップはその大きさで、高いものは10メートルを超えるという。作品名に相応しく造形は奇抜で色彩も豊かで、そして何よりも草間画伯の独特の水玉模様が魅力的であった。「幻の華」は、松本美術館の開館にあたり、松本市に生れ育った、草間画伯に作品の制作を依頼し完成したものとのことである。国内外に美術館は数多いが、人物像は別として花のモニュメントの屋外展示は珍しいのではなかろうか。まずは、松本市美術館を訪れ観賞することを勧めたい。

「幻の華」
松本市美術館平成23年9月13日写　渋田見彰学芸員案内

50話．感動させられた鈴木美江の作品「咲く」

　日本画院理事長の鈴木美江画伯が、第70回記念日本画院展に出展されたチューリップモチーフ画の作品名「咲く」は、これまで多くのチューリップ画を観賞したが、これほどに印象に残る絵は数少ない。この絵の制作意図について訪ねたところ「なぜ、チューリップなのかと言われても困るのですが、花が作り出すリズムに、とても魅力を感じたからなのです。生き生きと、どこまでも咲き続ける生命力と、それを包む空間を同時に表現しようと思いました（私信）。」と述べている。

　作品「咲く」は、チューリップ11花がほぼ横一列に並び、背景は黒を主体にしていることによりチューリップは目立って見え、葉の色彩も緑系ではなく青系の色彩であることもチューリップを際立たせている。描かれたチューリップは決して華やかではないが、画伯のいうリズムがあり、私には「動き」のあるチューリップが描かれているように思えてならない。長年チューリップを試作し、観察し続け、いままた多くのチューリップモチーフ画を観賞してきた私には、この作品「咲く」は全く異質なチューリップを見る思いであり、それ故にチューリップを描いた日本画のなかでの傑作の一幅に思えてならない。そしてこの絵は、私にはかつての父や母の野辺送りが思い出させられ、まさに「葬送」「鎮魂」の絵にも思えてならない。

作品名「咲く」2010年　第70回記念日本画院展
鈴木画伯から届いた絵はがきを複写

51 話. 銅版画家今田幸の作品「ふたり」

　チューリップをモチーフとした版画作品は数少ない。長谷川潔画伯の花弁 5 枚の畸形花を描いた作品「チューリップと三蝶」、川西英画伯の版画「チューリップ」、稲垣智雄画伯の版画「チューリップ」2 点、渡辺栄一画伯の 3 作品、そしてここに紹介する今田幸画伯の 5 作品などではなかろうか。

　今田幸さんは、山形県河北町に生れ育ち、2001 年に東北芸術工科大学大学院洋画コース版画専攻を終了した新進銅版画作家である。

　平成 25 年 2 月に届いた今田さんの個展案内状には、チューリップをモチーフとした作品名「ふたり」が印刷されてあった。この作品は長年、チューリップを見続けてきた私のチューリップへの心象を変える特異な作品に思えてならなかった。

　作品名「ふたり」の 2 花のチューリップは、土に生きる東北の農民の夫婦像を象徴したものか。あるいは、「おしん」に代表される東北の母子像を意味するものか。はたまた東日本大震災で亡くなった最愛の多くの人達の鎮魂のために、永遠の親子または夫婦像を 2 花のチューリップに託して描いたものか。私はこのような思いで作品「ふたり」を観賞し、あえて今田さんには、作品の命名など制作意図は尋ねなかった。チューリップあるいは東北に関心のある方に観賞を勧めたい作品である。

作品名「ふたり」2012年
今田幸画伯から届いた個展案内状を複写

〈追記 2〉 チューリップ画を描いた物故日本人画家

	画家名	生没年	作品について	
1	岩崎常正	1786–1842	ドイツの植物学者ウェインマン花譜のチューリップを模写	3点
2	間宮彦太郎	不詳	文久3年日本初渡来のチューリップを彩色で描く	1点
2-2	画家不詳		海雲楼博物雑纂に文久3年開花のチューリップ画	2点
3	画家不詳		長崎市史跡料亭「花月」の「春雨の間」天井画にチューリップ画	1点
4	川上冬崖	1827–1881	ヨーロッパの花譜からチューリップなど花絵を模写	1点
5	山本章夫	1827–1903	本草写生図譜にチューリップ画	1点
6	藤島武二	1867–1943	作品「チューリップ」	1点
7	満谷国四郎	1874–1936	作品「坐婦」にチューリップを描く	1点
8	和田英作	1874–1959	裸婦画にチューリップ 作品名を「チューリップ」	1点
9	杉浦非水	1876–1965	三越呉服店、春の新柄陳列会ポスターにチューリップ	1点
10	平福百穂	1877–1933	雑誌「婦人の友」表紙絵（大正5年4月号、7年12月号）	2点
11	谷上廣南	1879–1928	西洋草花図譜にチューリップ画	5点
12	熊谷守一	1880–1977	チューリップ画	1点
13	小林古径	1883–1957	「草花図」「チューリップ鉢花」などチューリップモチーフ画	18点
14	竹久夢二	1884–1934	雑誌絵、絵封筒などの原画	3点
15	辻 永	1884–1974	萬花図鑑、萬花譜に各1作品	2点
16	安田靫彦	1884–1978	チューリップ素描画と花弁6枚の分解図	2点
17	木下杢太郎	1885–1945	花譜にチューリップ画	1点
18	斉藤与里	1885–1959	作品「チューリップ」と「卓上の花」	2点

19 武者小路実篤	1885–1970	雑誌「ひ」の表紙絵ほかチューリップ淡彩画	多数
20 高村智恵子	1886–1938	紙絵チューリップ	2点
21 藤田嗣治	1886–1978	作品「優美神」の花園の4ヶ所にチューリップを描く	1点
22 小絲源太郎	1887–1978	作品「静寂」と「繚乱」にチューリップも描く	2点
23 堅山南風	1887–1980	素描画	5点
24 高畠華宵	1888–1966	チューリップ素描画や作品「かほる花々」「紅雀」など	5点
25 梅原龍三郎	1888–1986	作品「姑娘とチューリップ」「チューリップ」	2点
26 足立源一郎	1889–1978	渡欧中のパリで、作品「チューリップ」を描く	1点
27 奥村土牛	1889–1990	作品「チューリップ」	1点
28 堂本印象	1891–1975	作品「瓶花」にチューリップ2花を描く	1点
29 長谷川潔	1891–1980	作品「チューリップと三蝶」	1点
30 河越虎之進	1891–1981	作品「花と人形」	1点
31 山口逢春	1893–1971	素描画にチューリップ	1点
32 中川一政	1893–1991	チューリップ画	3点
33 川西英	1894–1965	版画「チューリップ」	1点
34 望月春江	1894–1979	作品「春花譜」「春韻」「春の詩」など	3点
35 吉田千秋	1895–1919	同人誌 AKEBONO などにチューリップ画	5点
36 小倉遊亀	1895–2000	作品「チューリップ」	2点
37 初山滋	1897–1973	アンデルセン絵本「おやゆび姫」の表紙	1点
38 田中吉之介	1897–1977	画集「淡彩百花」にチューリップリップ画	1点
39 蕗谷虹児	1898–1987	作品「おやすみ」「螢」「おやゆび姫」などに	4点

40 関根正二	1899–1919	素描画、作品「チューリップ」など	3点
41 河原崎奨堂	1899–1973	彩色チューリップ版画	3点
42 高野三三男	1900–1979	作品「チューリップと手袋」など	2点
43 峰岸魏山人	1900–1985	著作「墨絵入門」にチューリップ	1点
44 二口善雄	1900–1997	浅山英一著「原色図譜・園芸植物」に17品種	3頁
45 稲垣知雄	1902–1980	版画「チューリップ」	2点
46 田村孝之介	1903–1986	作品「アトリエに憩う裸婦」にチューリップの添画	1点
47 佐藤達夫	1904–1974	チューリップ単彩画	2点
48 長谷川隣二郎	1904–1988	作品「チューリップ」「花」	2点
49 西村計雄	1909–2000	作品「チューリップ」「オランダ」「月とチューリップ」	3点
50 大田洋愛	1910–1988	浅山英一著「原色図譜・園芸植物」に5品種	2頁
51 香月泰男	1911–1974	作品「チューリップ」など	2点
52 熊田千佳慕	1911–1997	昆虫画のなかにチューリップを描く	7点
53 中原惇一	1913–1983	雑誌「ひまわり」の表紙絵	2点
54 門脇俊一	1913–2006	画集「草花百点」に	1点
55 山田貞実	1915–2000	著作「花鳥画の描法」チューリップ画	2点
56 岩崎知弘	1918–1974	注目されるは青い花	多数
57 加倉井和夫	1919–1995	作品「晟庭」「嬅」など	3点
58 横山操	1919–1995	新潟県新発田市田部画廊で焼失か	1点
59 鴨居玲	1928–1985	作品「花」など	3点
60 吉田カツ	1940–2011	作品「紅花チューリップ」	1点
61 岩戸敏彦	1947–2005	作品「チューリップ」	1点

注）探索もれの画家、画家の作品数の探索もれが考えられ未定稿である

〈品種の記憶　4〉
モンテ カルロ Monte Carlo. DE. 1955.
──新潟砂丘で仄かな香りを漂わせ咲いていた──
（チューリップ文庫コレクション）

〈品種の記憶　5〉
メリー　ウィドウ　Merry Widow.T.1943.
——時空を超えて新潟市牛海道で咲き競う——
（チューリップ文庫コレクション）

V. チューリップ観光の話あれこれ

　チューリップの観賞には、いろいろな方法がある。日本における チューリップ球根の消費動向から見ると、かつては、促成切花 のための球根の需要が圧倒的に多かった。現在は消費動向を知る 統計が見当たらないが、相変わらず促成切花の需要は少なくない と考えられる。一方で、チューリップを個人で庭に植え楽しむ人 は意外と少ないのではなかろうか。栄枯盛衰があって、球根産地 の観光施設は廃止されたものもあるが、それにひきかえ、観光業 や一般社団法人によるチューリップ公園などは、オランダからの 球根輸入が容易で、希望する品種や量、とりわけ新品種も容易に 入手できるようになり、以前にもまして観光チューリップ園は増 加傾向にあるのではなかろうか。

　このVでは、私の調査を踏まえて、記録されるべきチューリッ プの観光施設について紹介した。また、調査や写真撮影のため、 新潟県の球根産地には足しげくかよい、富山県の球根産地にも幾 度となく訪れている。そのチューリップ産地風景の一部を拙著 『チューリップ鬱金香——歩みと育てた人たち』の口絵に掲載して ある。しかし、これらの産地風景の多くは球根輸入自由化の影響 で球根生産は減少し、産地が消えかけつつあるのも現実である。

52話. チューリップ観光の始りは戦前の新潟農園

　わが国におけるチューリップ観光の始りは、戦前の「新潟農園」
と首都圏では、同農園が世田谷区二子玉川に設けた「よみうり遊園」
ではなかろうか。

　新潟農園は、昭和7年7月に設立総会を開催し、株式会社とし
て新潟市の財界人、県内の地主、花き生産者など23人の出資者に
よって設立され、昭和16年まで続いた。農園は新潟市沼垂山の下
の山邊、先割など（現、東北電力火力発電所など）松林保安林に
囲まれた23ヘクタールの砂丘畑で、球根生産を目的としたが、観
光面でも約1ヘクタールのフランス式庭園に丸池や噴水があり、
野外音楽堂や花園を一望できる純喫茶亭などもあった。市内や近
郷からの観光客のほか、県外からも観光客が多く、東洋一の花園
として、昭和10年には米国ニューヨークから総天然色で発声映画
の撮影もあったほどである。また、イベントとしては、新潟市出
身の小唄勝太郎の歌謡ショーや新潟市の花柳界芸者を総動員した
「新潟おどり」は華やかで人気があったという。

　また、東京、二子玉川の「よみうり遊園」は、昭和12年秋の植
込みで、東横電鉄と提携し、読売新聞社の後援をうけて新潟農園
が開設したもので、約4ヘクタールに輸出規格外球根を活用する
ためのものであった。数々のイベントを催し、毎年園内は溢れん
ばかりの盛況であったが、昭和16年、新潟農園の解散で閉園して
いる。

▼新潟農園の景観（絵はがきから）

◀約1ヘクタールの庭園　事務棟が見える

◀庭園の噴水や喫茶亭も見える

◀庭園から圃場を望む

53話. チューリップ咲く新潟遊園
そして新潟市寺尾中央公園

　新潟遊園は、新潟交通の子会社の浦浜農園によって、当時西蒲原郡坂井輪村寺尾の松林と砂丘畑を開発して昭和26年に開園した。そして、昭和56年に巻町越前浜に移転するまでの30年間、新潟市の春を彩る風物詩として人気があった。しかし、当初は旧国道116号線も開通しておらず、至って交通不便なところに立地していた。私は開園まもない昭和27、8、9年と、2ha.270品種のチューリップを見学するために訪れている。遊園のお猿電車などは満員で賑わっていたが、チューリップ品種の展示畑は、比較的閑散としていた記憶がある。

　私は昭和34年に遊園に近い新潟市西小針に転居し、子育ての頃は、まだ残る松林を通り、よく遊園を訪れた。

　移転した遊園の跡地は、その後、新潟市寺尾中央公園として整備され、かつてのお猿電車跡地は、円形花壇となり、チューリップが咲きほこり、また、品種展示圃場は、4ヶ所に花壇が作られて、春はチューリップ、秋はコスモスが咲き乱れていた。公園は春のチューリップもさることながら、二カ所のバラ園は実に見事であった。品種ラベルと花を見比べるのが楽しく、ピースは清楚に咲き、衣通姫（椿には新潟大学萩屋薫先生の命名品種）のことが分らず学の無さを知らされる。また、公園には山階鳥類研究所のカスミ網が度たび張られており、渡り鳥の種類が日本一に多い所と教えられたことが思い出される。

▼新潟遊園開園当時の品種展示圃

昭和27年

昭和33年

◀遊園のお猿電車跡地の寺尾中央公園の円形花壇

◀遊園の品種展示圃は寺尾中央公園では4カ所に円形花壇

54話. 最北のチューリップ観光地・
上湧別チューリップ公園

　北海道湧別町のチューリップ公園は、北緯約44度にあって
チューリップの古里として野生種の自生する北緯40度前後線上の
最東端に位置する。当地は、オホーツク型気象地帯で、「大水飲
み」のチューリップではあるが、中央アジアのステップに似た風
土に恵まれて、昭和30年代には輸出チューリップ球根産地であっ
た。しかし市場競争に敗れ衰退はしたが、約20年近い歳月を経て、
昭和50年代の終り頃に再び観光資源として復活し、上湧別チュー
リップフェア（公園）は、連綿として続き、花咲き続けている。
これらの経緯は北海道新聞社の北海道ふるさと新書『上湧別町』
（2003年刊）に詳しいので参照されたい。

　最近の上湧別町（平成21年合併し湧別町）のチューリップ公園
は町の直轄事業として営まれ、平成26年秋の公園の作付けは7ヘ
クタール、約190品種120万本のチューリップが爛漫と咲きほこっ
た。公園の入場者数は、平成14年には14万7600人と最高を記録
したが、平成25年は約6万人で過疎地域にあって集客が課題であ
ろう。植栽の球根は公園産も利用はしているが、平成10年からは
オランダ産直輸入球と一部富山県産球で新品種を中心に更新して
いる。品種標識は的確で、園芸学的にも学べるよう工夫しており、
公園管理の努力のあとがうかがえる。

北海道上湧別チューリップ公園の景観
（湧別町役場商工観光課提供）

55話. 国営昭和記念公園のチューリップ

　この公園は、昭和を記念する公園として東京都立川市と昭島市に跨がる武蔵野台地の一角180ヘクタールに及ぶ広さで昭和58年10月に一部開園した。公園には各種のエリアがあり、四季を通じて楽しめるよう設営されている。なかでも、この公園のチューリップは、富山県砺波市のチューリップ公園と比べても展示趣向は違っても、その景観は見劣りしないのではなかろうか。

　公園のチューリップ展示は、オランダのキューケンホフ公園の元園長ヘング・NT.コスター氏の指導をうけ平成16年春からで、毎年渓流沿えを中心に植栽を続けている。平成26年の展示は、最近発売の新品種も含め130品種計22万球とムスカリ16万球とのことで圧巻である。植栽球根は毎年オランダからの輸入球を中心に小量の新潟、富山県産で更新しているとのことである。

　更に、この公園のチューリップで注目されるのは、「子どもの森」の一隅にかつて植栽した野生種を観賞できることである。残念ながら最近は徐徐に消滅し、その原種数は少なくなっている。世界でチューリップの野生種の展示は、オランダのヒレゴンのチューリップ球根研究センターなどごく限られている。日本では、富山県チューリップ遺伝資源センターで約50種ほどの野生種を保存しているが、一般に公開のためのものではない。

　願わくば、この公園でも野生種の植栽を充実し、世界に誇れるチューリップ野生種の展示施設であることを期待したい。

「子どもの森」の一隅に「チューリッパ・クルシアナクリサンサ」などが「カラスノエンドウ」や「シダ類」などの山野草と共生していた

国営昭和記念公園のチューリップの景観（平成 26 年 4 月）

56話．チューリップ観光の祭典・
となみチューリップフェア

　わが国のチューリップ観光を語るとき、避けることのできないのが富山県となみチューリップフェアであろう。ことの始まりは富山県農試出町園芸分場が国のチューリップ研究指定機関となり、数百品種のチューリップ参観と研究成果の発表を昭和26年にチューリップフェアと銘打って始めたことによるといわれる。

　翌27年には近隣6ヶ村が合併し砺波町となり第一回チューリップフェアとして開催された。以降連綿として続き、平成13年には50周年を迎え、継続は力なりというが、その後も富山の春を彩る風物詩として全国的に知られ、チューリップといえば富山県と知名度の向上に役立っている。その歩みは、平成13年刊行の『となみチューリップフェア50年の歩み』に詳しいのでゆずることとしたい。ただ、この間砺波市行政当局が主体的に花園町一帯に文化施設の集積、なかでも昭和61年のチューリップ公園の完成などあって平成となり公園入場者数は40万人が定着し、平成8年にはチューリップ四季彩館も完成した。更に、平成27年には北陸新幹線が開通し、公園への入場者は32万1000人で、前年より3万6千人増であったという。最近は、富山県生れの新品種も増加しているが、球根生産農家数や生産数量の激減が気がかりである。

140

◀砺波チューリップ公園
（チューリップ四季だより23号（2002年）刊から）

▼北陸新幹線開通の平成27年チューリップフェア開催初日の景観
（水野嘉孝氏提供）

57話．ハウステンボスの花園

　ハウステンボスは長崎県佐世保市の南端、大村湾に接して位置
し、九州で最大の観光施設である。その敷地面積は 152 万㎡で、
17 世紀のオランダの街並を再現したレンガ作りの建物、花園、運
河などが広がり、娯楽や宿泊施設も充実しており、そして、なに
よりも四季おりおりのイベントを楽しむことができる。

　そもそも、ハウステンボスとは、オランダ語の Huis Ten Bosch（森
の館）に由来し、当施設にもオランダのベアトリクス女王の Palis
Huis Ten Bosch が再現されている。

　ハウステンボスは 1986（昭和 61）年から 2200 億円を投じ 1992
（平成 4）年に建設され、ハウステンボス株式会社として発足した。
しかし、経営不振で 18 年間で 2 度の倒産を経て、平成 22 年からは、
わが国の旅行会社の大手㈱エイチ・アイ・エス（H．I．S.）の経
営で復活し、最近は山口県を加えた九州地域で最も多く集客して
おり、平成 27 年の入場者数は 310 万人を数える。

　春の花園観光の主体はチューリップで、平成 27 年秋は全国の
チューリップ観光地では最多 700 品種を植栽し、88 万本が咲く見
込み。

　球根は毎年更新し、オリジナル品種ハウステンボスなどオラン
ダからの直輸入を主体に、富山、新潟県産球も利用し、品種ラベ
ルが適確なので日本生まれの新品種も観賞することもできる。

◀名花ハウステンボスが咲き競うハウステンボスの花園（画像提供ハウステンボス）

◀ハウステンボスの平成28年宣伝パンフの一部

〈追記3〉 全国のチューリップ観光名所一覧

この表は、全国のチューリップ観光の名所を掲げた。出典は、富山県花卉球根農業協同組合2015年版『Flower Collection』掲載資料、及び小学館週刊『四季花めぐり22

チューリップ鬱金香』の記載を平成27年現在で再確認した。更に平成29年3月に各地に照会して得た情報等で作成した。

施設名・まつり名	所在地	開花期	照会先（電話）
1 上湧別チューリップ公園	北海道湧別町	5上—5下	0158-62-5866
2 ファーム富田	北海道中富良野町	5上—5中	0167-39-3939
3 円山公園	札幌市中央区	5中—5下	011-621-0453
4 豊平公園	札幌市豊平区	5上—5中	011-811-9370
5 百合ヶ原公園	札幌市北区	5中—5下	011-772-4722
6 軽米雪谷川ダムフォレストパーク	岩手県軽米町	4下—5中	0195-45-2444
7 みちのく公園	宮城県川崎町	4下—5上	0224-84-5991
8 白河フラワーワールド	福島県白河市	4下—5上	0248-23-2100
9 国営ひたち海浜公園	茨城県ひたちなか市	4中—4下	029-265-9005
10 霞ヶ浦総合公園・ネイチャーセンター	茨城県土浦市	4下—5上	029-826-4821
11 那須フラワーワールド	栃木県那須町	5上—5中	0287-77-0400
12 ぐんまフラワーパーク	群馬県前橋市	4上—4下	027-283-8189
13 佐倉チューリップまつり	千葉県佐倉市	4上—4中	043-484-4318
14 あけぼの山農業公園	千葉県柏市	4上—4中	0471-33-8877
15 お台場海浜公園	東京都港区	3下—4中	03-5531-0852
16 京王フロラールガーデン・アンジェ	東京都調布市	4上—4下	042-426-3553
17 根搦前水田チューリップ畑	東京都羽村市	4上—4中	042-555-9667
18 国営昭和記念公園	東京都立川市昭島市	4中	042-528-1751
19 横浜公園	横浜市中区	4中—4下	045-671-3648
20 花の都公園	山梨県山中湖村	5上—5中	0555-62-5587
21 万代橋チューリップフェステバル	新潟市中央区	4月中—5上	025-228-1000
22 イクトピア飾花	新潟市中央区	4月中—5上	025-228-1000
23 新潟市寺尾中央公園	新潟市西区	4中—5上	025-260-6040
24 新潟ふるさと村	新潟市西区	4中—5上	025-230-3030
25 五泉市一本杉・チューリップ畑	新潟県五泉市	4中—5上	0250-43-7522
26 胎内市中村浜・チューリップ畑	新潟県胎内市	4中—5上	0254-43-6111

27 国営越後丘陵公園	新潟県長岡市	4下—5中	0258-47-8001
28 砺波チューリップ公園	富山県砺波市	4下—5上	0763-33-7716
29 入善チューリップロード	富山県入善町	4中—4下	0765-72-1100
30 はままつフラワーパーク	静岡県浜松市	3下—4中	053-487-0511
31 浜名湖ガーデンパーク花の美術館	静岡県浜松市	4上—4下	053-488-1500
32 クレマチスガーデン	静岡県長泉町	4中—5上	055-989-8787
33 サンテパルクたはら	愛知県田原市	4上—4中	0531-25-1234
34 国営木曽三川公園	岐阜県海津市	4上—4中	0584-54-5531
35 なばなの里	三重県桑名市	3下—下	0594-41-0787
36 新旭町風車村	滋賀県新旭町	4中—4下	－休業－
37 宇治市植物公園	京都府宇治市	4中—4下	0774-39-9387
38 京都府立植物園	京都市左京区	4上—4下	075-701-0141
39 大阪府立花の文化園	大阪府河内長野市	4上—4中	0721-63-8739
40 神戸市立フルーツ・フラワーパーク	神戸市北区	4中—4下	078-954-1010
41 国営明石海峡公園	兵庫県淡路市	4上—4中	0799-72-2000
42 兵庫県立フラワーセンター	兵庫県加西市	4上—4中	0790-47-1182
43 但東チューリップ畑	兵庫県豊岡市	4中—4下	0796-54-0500
44 北島チューリップ公園	徳島県北島町	4上—4下	088-698-9806
45 ドイツの森クローネンベルグ	岡山県赤磐市	4上—4中	086-958-2111
46 日吉津村チューリップ畑	鳥取県日吉津村	4上—4下	0859-27-0211
47 斐川チューリップ畑	島根県出雲市	4月中	0853-53-2112
48 世羅高原農園	広島県世羅町	4中—5上	0847-24-0014
49 金山川チューリップまつり	北九州市八幡西区	4上—4中	093-602-8417
50 直方チューリップフェア	福岡県直方市	4上—4中	0949-25-2156
51 かしいかえんシルバニアガーデン	福岡市東区	3下—4下	092-681-1602
52 国営海の中道海浜公園	福岡市東区	4上—4中	092-822-8141
53 くじゅう花公園	大分県竹田町	4中—5上	0974-76-1422
54 グラバー園	長崎県長崎市	2下—3下	095-822-8223
55 ハウステンボス	長崎県佐世保市	2上—4下	0956-27-0001
56 フローランテ宮崎	宮崎県宮崎市	3上—4上	0985-23-1510
57 フラワーパークかごしま	鹿児島県指宿市	12中—3下	0993-35-3333
58 海洋博公園	沖縄県本部町	1中—2上	0980-48-2741

〈品種の記憶 6〉
バレリーナ　Bllerina.L.1980
── 2、3月促成花・窓辺で甘い香りを漂わせていた ──
（チューリップ文庫コレクション　新潟県花卉球根農協資料）

VI. チューリップよもやま話あれこれ

　チューリップがイスラムの世界（オスマントルコ）からキリスト教社会（神聖ローマ帝国）に伝えられて約460年を経過した。イスラムの世界では口伝による物語り或は細密画や衣装、そしてタイルなどにチューリップ紋様はみられるが、文章による記録は全くというほどにみられなかった。ヨーロッパのキリスト教社会におけるチューリップの約460年は実に多くの出来事があり、しかもそれが確実に記録として残るようになった。それは、チューリップ狂時代は魔性の花であり、訪花昆虫による授粉の発見、更には温度処理による開化促進技術の開発など、チューリップにまつわる話題はこと欠かない。チューリップは、日本においても古来の花の桜や菊にも劣らないほど話題が多く、日本に初めて渡来して僅か150年余の花にしては突出してる。

　ここでは、チューリップのよもやま話にふさわしく、前記Vまでふれなかった話題を提供することとした。なお、ここでのよもやま話の多くは、未出版のままの「チューリップ　鬱金香　第Ⅱ——文化史研究ノート」の主な項目も要約して記載したが、要約の過程で言葉足らずで誤解をあたえないか危惧される。

58話. 明治時代のチューリップの和名は鬱金香

　鬱金香は、謎の多い植物である。この鬱金香は中国の明時代に李時珍の『本草綱目』に記載されており、日本でもどういう植物か研究されてきた。現在は、牧野富太郎博士の説の学名も科名も和名も分らず、不詳の植物が定説である。

　この鬱金香という植物は、江戸時代に本草学者の岩崎常正が、その著作の『本草図譜』にドイツ人のウェインマン『花譜』のチュリパ図を転載し、鬱金香はチューリップであるとした。

　この『本草図譜』でのこの説があってか、明治時代は多くの図書などにチューリップの和名として鬱金香が用いられている。しかし明治末期以降は徐々に英語での名前のチューリップが用いられ、鬱金香は過去の和名となり現在に至っている。

　ところで、鬱金香で注目されるのは、鬱の文字に、欝、欝、鬱、欝の四字が用いられ、明治時代は専ら俗字の欝の文字が使われている。更に不詳の植物の鬱金香は、現在も相変らず、混乱しているようである。例えば国語辞典で日本を代表するとされる『広辞苑』では、これまでの「かな」表記に全くみられない「つ」を欠く「うこんこう」と記載し、更に全く関係のない別の植物「鬱金」の派生語としても記載して更に混乱させている。

チューリップ、鬱金香が記載されている江戸、明治、大正期の図書等

① 寛政 11 年　立原翠軒・楷林雑話：テュルフ

② 文政 11 年　岩崎常正・本草図譜：チュリパ、鬱金香

③ 文久　3 年　田中芳男・佛国種球根目録：キューリップ

④ 明治　6 年　柴田昌吉・子安峻・英和字彙：tulip＝欝金香（ウッコンカウ）

⑤ 明治 17 年　松村任三・日本植物名彙：ウッコンコウ、欝金香

⑥ 明治 19 年　松村任三・帝国大学理科大学植物標品目録：山慈姑属・チューリップ

⑦ 明治 20 年　帝国大学（大久保三郎）・帝国大学植物園植物目録：Ukkonkō (ウッコンカウ) 欝金香

⑧ 明治 22・23 年　日本園芸会・日本園芸会雑誌第 2 号・第 10 号：欝金香　ウッコンカウ・ウッコンカウのうち「チューリップ・デュク、ド、トール」

⑨ 明治 28 年　小川安村編．四季洒花園：チューリップ

⑩ 明治 30 年　高橋久四郎・蔬菜草花栽培全書：欝金香、一名チューリップ

⑪ 明治 34 年　東京三田育種場・園芸秘書：チューリップ

⑫ 明治 37 年　前田曙山・園芸文庫第 10 巻：チュウリップ 蓮花水仙

⑬ 明治 38 年．松村任三・帝国植物名鑑：Ukkonkō ウッコンカウ・チューリップ

⑭ 明治 39 年　富益良一・田中万逸・草花栽培全書：欝金香 (チュウリップ)

⑮ 明治 40 年　片山熊太郎・園芸辞典：チューリップ（欝金香）

⑯ 明治 40 年　野村安太郎・西洋草花栽培法：ちゅーりっぷ

⑰ 明治 40 年　斉田功太郎・佐藤礼助・内外実用植物図説：うっこんこう　欝金香

⑱ 明治 41 年　東京博物学研究会・植物図鑑：うっこんこう　ちゅうりっぷ　鬱金香

⑲ 明治 42 年　田寺寛二・花ことば：うっこんかう、欝金香

⑳ 明治 43 年　鈴木千代吉・萬花不時栽培法：チュウリップ　Tulpen（欝金香）

㉑ 明治 44 年　新潟県農会・新潟県園芸要鑑：チューリップ

㉒ 明治 44 年　藤本義衛・内外草花培養全書：チューリップ

㉓ 明治 45 年　鈴木政五郎・最新球根栽培書：チューリッパ　邦名鬱金香

㉔ 明治 45 年　秋元正四・球根植物培養法：テュリップ（Tulip）欝金香

㉕ 大正　5 年　盧貞吉・実験花卉園芸：チュリップ

㉖ 大正　6 年　吉田千秋、CATALOGUS TULIPARUM：チュリパ

㉗ 大正 10 年　球根植物試験場・チューリップ品種目録：チューリップ

59話. 通販で始まった明治時代の
チューリップ球根の流通

　明治時代の農産種苗は、明治20年代から、それまでの明治政府にかわり、その頃から設立されはじめた種苗商社や政府系試験場や育種場によって販売された。しかも、その方法は、月刊又は不定期刊の農業記事をのせた機関誌を発行し、そこに自社の種苗広告をのせ、また機関誌をもたない種苗商は、独自の代価表などで種苗の拡販を図っている。現在にいう通信販売である。しかし、これらのカタログ類は用済み廃棄、廃業、関東大震災などで現存はきわめて少ない。私はかつて岩佐吉純園芸研究室の協力を得て明治時代のチューリップ球根の通販を調べた。その要約を別紙にまとめた。そのあらましは、おおよそ次のようになる。

1、明治20年代にはチューリップ球根の通販広告は無く、流通したかは不明。

2、東京三田育種場、東京興農園、学稼園の明治30、31年の広告初出。

3、商社自家産球根の値段はおおよそ一球20銭前後で輸入球は一球50銭前後。（自家産球は品質に問題があり、宣伝はひかえめ）

4、明治40年代には、京都市、新潟県、兵庫県、福岡県など地方種苗商も広告。

5、赤司廣楽園（福岡県）、長尾草生園（新潟県）、東京興農園の明治40、41年の広告では品種名を和名にかえて広告。

明治時代の種苗商社などのチューリップ球根の販売

商社名（代表者）	設立年	所在地	雑誌・カタログなど	チューリップ球根の広告	註記
新宿農事試験場	五年（一八七二）	東京 新宿	最初のカタログ発行年は不詳。三十八年あり。	四十二年営業案内、一球十銭、百球八円。	
東京三田育種場	十年（一八七七）	東京 三田	三十年十月から月刊「明治農報」	第一号三十年十月刊。一玉三十五銭、新輸入球一球五十銭。	
横浜植木㈱（鈴木卯兵衛）	二十三年（一八九〇）	横浜 中村町	二十三年種苗目録。その間不詳。	四十一年定価表、チューリップ十球五十銭から一円。	二十三種苗目録［国内］未確認。
東京興農園（渡瀬寅次郎）	二十五年（一八九二）	東京 赤坂	二十六年一月から「興農雑誌」、三十一年一月号から「新農家便覧」	第四十八号三十六年十一月チューリップ一球二十銭。	四十年「学稼園」、「早稲田農園」と合併、四十年「日本種苗㈱」へ。
耕牧園（井上龍太郎）	二十五年（一八九二）	東京 新宿	三十二年七月「農事月報」月刊	三十八年七月チューリップ一球二十銭。	未確認。
学稼園（松沢市之助）	二十五年（一八九二）	東京 青山	三十年七月から「日本之園芸」発行	第一号三十年秋季号チューリップ一球二十銭。	三十四年、「日本之園芸」を『農芸画報』に改名。四十年「日本種苗㈱」へ。
早稲田農園（池田次郎吉）	二十八年（一八九五）	東京 早稲田	二十八年十二月から「種苗価月報」を発行	第十三号三十五年十二月にチューリップ球二十銭。	カタログは大正期のみで明治時代は未確認。
妙華園（河瀬春太郎）	二十四年（一八九一）	東京 南品川	二十四年十一月「園芸時報」	第一号（三十四年十二月）にチューリップ一球二十銭。	三十六年三月号から「園芸世界」に改。
学農社（津田仙）	三十四年（一九〇一）	東京 麻布			
西ヶ原種苗店（磯貝由比吉）	三十六年（一九〇三）	東京 西ヶ原	「銘鑑」発行	四十三年銘鑑に八重咲・一重咲ともに一球五銭。	
東京萬花園		東京 日暮里	牽牛花附・内外草花「銘鑑」発行		資料未確認。
東京園芸㈱（牛込寅次）	三十八年（一九〇五）	東京	営業案内代価表の存在未確認。	第九号（四十年秋号）第二十二号四十二年と同じ価格で記載。	明治期の「園芸種苗案内」現存未確認。
日本種苗㈱（牛込寅次）	三十八年（一九〇五）	東京 内藤新宿	営業案内第一号四十年九月発行。	第九号（四十年秋号）一玉十五銭、パーロット一玉二十五銭。	ヤマト種苗商店に発展。
大日本農園（井上龍太郎）	四十年（一九〇七）	東京	三十二年ごろから「園芸種苗案内」刊。	大正十一年六月号に「チューリップ四十五品種」を広告。	種を広告。
江戸時代から三社の合併（鈴木政五郎）	四十二年（一九〇九）	東京 瀧之川	三十三年ごろから「園芸種苗案内」現存未確認。		
東京園芸商会（石田増之助）	四十二年（一九〇九）	東京	通信販売業として設立されたが目録など未確認。		
長尾草生園（長尾次太郎）	（一九〇九）	新潟県 中蒲原郡 小合村	四十年新輸入球広告存。	四十一年三月「営業目録第一号」発行。	
赤司廣業園（池田次郎吉）	四十二年	福岡県 久留米	四十年種苗定価表現	十品種を和名表記。一球十五銭から二十五銭。	四十年種苗定価表第一号発行年未詳。
金岡ばら園（金岡喜蔵）		兵庫県 川辺郡 山本村	四十三年植物目録	上記目録に一球十五銭から二十五銭。	初期植物目録第一号の発行は不詳。
タキイ種苗（瀧井治三郎）	㈱（一九二〇）江戸時代	京都市	三十八年七月に初めての種苗目録を刊。	第一号、和名で四十五品種。一球につき二十五銭、高級品八重咲それ。	三十五年、三十六年目録にチューリップ記載なく、三十八（一九〇五）年に株式会社か。
京都農園		京都市		三十八年ごろの種苗目録。	明治のチューリップ取扱未確認。第百六十三号から二十五銭。
箕面園		大阪府 池田在か？石橋	設立は明治三十年前後か？（大正十年の目録が第百六十三号から推定）	明治植物目録未確認。第百六十三号には六十八品種左右。	
札幌興農園（小川二郎）	二十六年（一八九三）	札幌市	営業目録未確認。	チューリップ球根の取扱未確認。	チューリップ球根の取扱未確認。

注）チューリップ文庫収集カタログ、及び岩佐園芸研究室収集カタログ集から作成。

明治時代の種苗商社の宣伝誌とチューリップの広告例

第1号（明治27年）にチューリップ広告はない　この40号（明治31年1月号）にチューリップ一球20錢と初出

この第89号（明治31年）に輸入球の広告　一球参拾五錢から五拾錢

この明治三十年秋季にちうりっぷ壹個貳拾錢

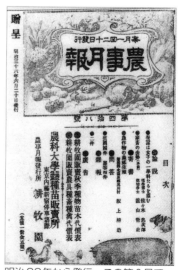

明治32年から発行　この第8号で一球代八重咲貳拾錢　一重咲拾参錢

この臨時増刊にチューリップ中土15銭 大土20銭 第壱巻第10号(明治31年7月号)に1個20銭と初出

第1号(明治34年11月)にチューリップ広告なし 第13号(明治35年11月)に輸入球の広告あるも価格の記載はない

この明治42年営業案内に西洋草花の四天王の一つとしてチューリップあり 大球混合一球拾銭

明治40年耕牧園 学稼園 早稲田農園の合併会社 第9号(明治41年)八重咲1玉拾銭 パーロット咲十五銭

60話.「琵琶湖周航の歌」の原作曲者
吉田千秋のテュリパ目録

　「われは湖の子……」で始まる「琵琶湖周航の歌」は旧制第三高等学校水上部の小口太郎が作詞し、大正6年、今津の宿で当時学生に歌われていた「音楽界」大正4年8月号の吉田ちあき作曲「ひつじくさ」のメロデーに乗せて歌われ、歌い継がれてきた。しかし、作曲者の吉田ちあきという人物は誰であるか分らなかった。約80年の歳月を経て、1993（平成5）年に元早稲田大学教授、歴史地理学のパイオニアの吉田東伍氏の二男千秋であることが分った。千秋は1895（明治28）年に、新潟県中浦原郡小合村（現新潟市秋葉区）大鹿で出生し、24歳の若さで大正8年に同地で死去した。

　千秋青年は音楽のみならず、植物とりわけ花に関心を示したほか植物学、言語学、地理、宗教、民族、天文など多方面に関心を示し、非凡な青年であった。

　特に花については、チューリップやダリヤ、ヒマワリ（日車はペンネーム）など西洋草花に関心を示し、自宅の庭に「大鹿野園」を作り、購入した花々を植栽し、観察して主宰する同人回覧雑誌『AKEBONO』などに克明な記録を残している。

　とりわけチューリップを近郷の小合村や小須戸町の花き農家から買い求め、1917（大正6）年に72品種のテュリパルム目録（『CATALOVS TVLIPARVM』）を編集している。

①地元からは70品種を球根ではなく、開花前の根付きチューリップを購入。

②原品種名の分るのは25品種のみ。千秋は全品種に和名を命名。

　これまで小合村にチューリップ球根生産が立地する前の実体は詳らかでなかった。千秋青年の資料から多品種を小量試作で球根での流通は稀であったことがかいま知ることができる。

東京府立第四中学校卒業当時（17歳）

◀吉田千秋青年とそのチューリップ目録
（吉田文庫提供資料を縮小）

61話. 林脩已講師と球根植物試験場
そしてチューリップ品種目録

　日本におけるチューリップを語るとき林脩已氏は、さけること
のできない人物である。林氏は 1874（明治 7）年鳥取市に生まれ
た。千葉県立高等園芸学校講師までの主な経歴は、福羽逸人宅園丁、
大隈伯爵家庭園部主任、岩崎男爵家園芸主任などで、この間 37 年
4 月から 2 か年英仏米で園芸研修をうける。明治 43 年 3 月から大
正 12 年 7 月まで千葉県立高等園芸学校講師（千葉県立農業試験場
兼務）として日本における初期のチューリップ栽培に深く係わっ
た。大正の初めの試作では、品種によっては球根生産に好結果を
得た経験を踏えて、大正 9 年に千葉県東葛飾郡八栄村（現船橋市
南三咲）に財閥 6 人の出資で匿名組合を作り、林先生に運営を一
任した。これが球根植物試験場である。試験場に係る関係資料は、
チューリップ品種目録 1921（大正 10）年刊を確認されるだけで、
その面積も 2 町歩あるいは 5 町歩と定かでない。オランダからの
輸入球も一説には 500 品種で、球数も明確でない。唯一の資料は、
チューリップ品種目録に品種名が明確なのは 183 品種である。し
かし、品種目録台帳の品種番号は 824 まであり、その多くは輸入
一作で消滅したとも考えられる。この試験場を大正 10 年 7 月に林
講師の教え子で新潟県中蒲原郡役所の小山重技手の案内で、小田
喜平太氏など小合村園芸組合員が視察している。その結果、新潟
県でのチューリップ球根生産が優れているとの自信を深めさせる
反面教師の役割を果たしている。

▲林脩己氏（1874-1945）が深く係わった球根植物試験場の「チューリップ品種目録」

〈メモ〉
(1) 林氏の脩己はどう発音するのか、住所の二宮町（船橋市）では除籍謄本は入手できず。成田山新照寺の佛教図書館の林文庫でも名前の読み方は不詳。
(2) 資料文献では唯一、小山重・新潟県下におけるチューリップの副業栽培、実際園芸第3巻第3号に全文フリガナ付で脩己は「をつみ」とフリガナされてある。
(3) 小泉力、林脩己のこと、花葉No.33.2014年で「のぶみ」とある。

62話．日本で最初にチューリップ球根生産を成功させた小田喜平太

　わが国におけるチューリップ文化史で人物を語るとき、まず最初に記憶されるべきは、小梅園主の小田喜平太氏である。小田氏は、1878（明治11）年に新潟県蒲原郡出戸村（現、新潟市秋葉区）に生まれた。大正8年に出合った中蒲原郡役所の小山重農業技手の推奨と指導もあって、小田氏は、日本におけるチューリップ球根生産を発想し、実行して成功させた人物である。これらの経緯は、小田氏が昭和8年「青年教育20号」誌への寄稿文「花卉園芸の體驗」や東京日日新聞「花を語る会」座談会記事（昭和7年6月11日〜記事）からある程度は知ることができる。

　しかし、球根生産の発想の原点は、明治20年代末の紫金牛投機事件にあったのではなかろうか。父の急死によって十代後半の若さで紫金牛事件を経験し、紫金牛に代わる新作目としてチューリップ球根があったのではなかろうか。球根生産の当初は全く売れず塗炭の苦しみを経験している。

　その後大正の末から徐々に球根も売れ、小田氏は大正14年から、県の花卉球根原種場を受託するまでになった。そして、昭和4年からは、推されて県花卉球根協会第2代会長を勤めている。しかし、当時は、切花需要もなく、昭和恐慌で一般の露地需要も少なく、農家の種球需要にも限界があった。ここで輸出に販路を求めて、同品質で大量品揃えをするための新潟農園の設立に小田氏は深く係わり、営業担当取締役として活躍した。昭和17年新潟農園は解散し、戦時下では花の取扱もままならず、昭和21年3月にチューリップなど花と共に歩んだ波乱の人生を68歳で閉じている。

◀小田喜平太氏（1878-1946）

▼新潟県花卉球根原種栽培場を受託した小田小梅圃の圃場
中蒲原郡小合村子成場字川原1027番地（昭和2年の絵はがき）

63話. チューリップ球根を輸出農産物に
発展させた小山重

　小山重氏は、わが国チューリップ文化史をたどれば偉大な先覚者であり、恩人であることが分かる。小山氏は、明治27年に長野県埴科郡西条村（現、長野市松代町西条）に岸田重として生れ、飯山中学1学年のときに母方の小山家の養子となる。大正6年、千葉県立高等園芸学校を卒業、在学中は林脩己講師の指導も受けている。大正7年8月、下高井郡立農商学校教諭を辞して、新潟県中蒲原郡役所農業技手、同農会技手併任となる。娘がなぜ新潟に来たのか尋ねたとき、「南米に行きたかったが、母に泣れて断念した。山国の狭い長野ではうだつがあがらない。占にみてもらったら『北へ行けば成功する』といわれ新潟を選んだ」と言ったという。事実新潟ではチューリップと多くの親切な人達に恵まれたともユーモア混りに話されたという。

　大正8年春に小田喜平太氏と出合い、以来二人三脚で苦労も多かったが、チューリップを輸出農産物に発展させるために活躍している。昭和7年には農林省から出張命令をうけて単身渡米し、調査と市場開拓を行い、またイギリスやオランダに赴き、技術情報を入手している。そして実務者としては、昭和8年8月には地方農林技師の名誉ある地位を辞し、9月から株式会社新潟農園農場長に就任し、生産と輸出に活躍している。

　小山氏については話題が実に多い。拙著『小山重小伝――わが国チューリップ栽培の先覚者』（2008年、チューリップ文庫刊、A5判85頁）を参照してください。

◀小山重氏（1894-1951）

▼昭和9年のチューリップ球
　根の米国への初出荷の荷姿
　と新潟農園の関係者
　右から4人目が小山氏

64話．新潟県の球根産地形成の苦労を語る座談会

　座談会は、東京日日新聞新潟支局の主催で、昭和7年5月6日に開催され、「花を語る会」として5月11日から6回、同紙に掲載された。発言はかなり断片的で思い出話的であるが、以下はその要約である。

1．中蒲原郡の小合村にチューリップが導入されたのは50年前（註、明治15年頃か？）で、当時は食用チューリップで花は粗末で、一球50銭。

2．小田氏の最初の球根生産栽培は、大正8年オランダから120から130品種（1品種半打）を栽培、翌年、千葉県立高等園芸学校の林先生の農場を視察して新潟県での栽培が有利なことに自信をもち、大規模生産を目指す。

3．帰途、横浜植木㈱で1石8斗の球根を注文し、小合村だけでなく中蒲原郡全域に普及を試みるも、賛同者は皆無で苦労する。

4．小田氏の生産球は、大正9年10年11年の3か年は全く売れずに困窮、小山技手の奥さんの親から贈られた衣装代の貯金で糊口をしのぐ。

5．球根栽培を普及のため、「売れた売れた」の嘘の宣伝、果ては海外に輸出されていると嘘を重ねる。漸く大正13年横浜植木㈱から15万球の注文。

6．小田氏、小山技手は無理に球根を売って迷惑なので取締れと警察に訴えられる。

「花を語る会」座談会とその出席者
東京日日新聞新潟版（昭和7年5月11日）

65話. 富山県の球根栽培の功労者水野豊造

　富山県花卉球根農業協同組合の正面入口に、水野豊造氏の胸像と顕彰碑が建設されている。それほどに水野氏は富山のチューリップにとっては、偉大な人物なのである。

　水野氏は、明治31年に東砺波郡庄下村（現、砺波市）矢木の農家に生まれ、若くしていろいろな園芸作物を導入試作した篤農家であった。そもそものチューリップとの出会いは、大正7年に僅かばかりのチューリップを試作し切花として販売したことに始まる。

　大正13年秋には庄下球根花卉実行組合の設立に参画し、富山県での初めての球根栽培を始める。大正14年から毎年、新潟県の産地を視察し、小田喜平太氏や小山技手の指導と交遊を深めている。戦前は球根（輸出）組合などの役職を努め米国への球根輸出に貢献した。戦後の活躍は目覚ましく、昭和21年富山県球根協会理事、23年庄下農協設立委員長、富山県花卉球根農協創立委員長、同常務理事、昭和38年3月から41年2月まで県花卉球根農協組合長を勤めている。昭和27年には、交配育種してきたチューリップの新品種、天女の舞、黄の司などを発表した。これはわが国で初の交配によるチューリップの新品種で、現在の富山県生まれの新品種育成のさきがけとなる。

　昭和43年に富山のチューリップ関係者から惜しまれて69歳で死去された。

◀水野豊造氏（1898-1968）

▼富山県花卉球根農協に建立の
　水野豊造翁の胸像と顕彰碑

66話. 戦前の富山県のチューリップ事情を
伝える『富山縣之園藝』

　この『富山縣之園藝』は、富山県の昭和7年4月の発行で、黒部西瓜、礪波里芋、薤、礪波苺、水島柿、越の白柿、チューリップ、増山杉について記載されている。

　チューリップについて以下要約すると、

①来歴：大正7年篤農家水野豊造氏ノ試作ニ始マリ、発育良好デ将来有望。新潟産ニ劣ラザル良品ヲ生産、大正13年、庄下村球根花卉実行組合ヲ組織シ村外一円ニ拡張。

②用途：採花ヨリ採球ヲ目的ニ水田裏作デ混種ナク、花色劣変ヲ防止。

③産地・産額：庄下村コソチューリップノ開拓地デ、他ニヒヤシンス、アネモネ、グラジオラス、ボタン等花卉全般ヲ栽培、隣村ノ中野、南野尻、南般若、鷹栖ノ各村ニモ栽培、ソノ面積今ヤ十町歩ニ達シ、四萬圓額ヲ有ス。

④販路：現今球根ハ横浜植木会社、東京農産商会、大和農園、需要ヲ一手ニ大量ニ販売シ、其他県内及ビ北陸各地ニ出荷。切花栽培ハ副収入トシヲクヲ期待セズ早期ニ摘除シ、球根ノ発育ヲハカリツツアル。

⑤将来性：礪波地方ノチューリップハ水田ノ二毛作トシテ特殊ノ栽培ノ関係デ、品種ハ確実、品質亦良好デ各地ヨリ賞賛サレ、収益ハ他ノ作物ノ容易ニ追従ヲ許サズ、米価下落ノ今日ハ更ニ発展スルニ至ラン。

と記載している。なお、礪波苺も大正5年水野豊造氏の嚆矢と記載。

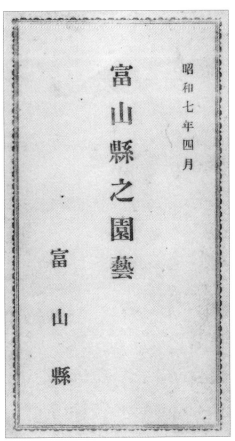

表紙　濃青緑色
20.4 × 11.4 センチ
折たたみ

67話. チューリップのウイルスによる
伝染病を発見した経緯

　チューリップ狂時代の代表的なチューリップのバイスロイやセンペルオーガスタス、あるいはボーレンガーが描いたチューリップ、その後も長く縞模様の斑入りのチューリップが珍重され続けた。このモザイク状縞模様の斑入花は品種ではなく、ウイルスによる病斑によるものであることは、約300年の時を経て解明された。

　富山県砺波園芸分場長、豊田篤治氏の著作『チューリップ球根の営利栽培』（昭和47年刊）によれば、1927（昭和3）年にブルガリアのアタナソフ氏（D.Atanasoff)により、斑入チューリップの汁を単色のチューリップの葉に針で刺してつけると斑入が伝染することが判明した。その翌年英国のキヤイリイ女史(D.M.Cayley)は、球根の汁を付けても伝染することを証明した。そして1930（昭和5）年には、マッケニィ氏(H.Mckenny)によりアブラムシによっても媒介されることが明らかにされたのである。チューリップの斑入は品種の突然変異によるものでなく、ウイルスによる伝染病によるものであった。最近はチューリップウイルスにいろいろの種類のあることが知られている。そして、花色への斑入は品種、花色、病原のウイルスによって異なり一様ではない。

　ところで話は変るが、新潟県では戦前（昭和13-16年）と戦後（昭和33-61年）に県営花卉球根検査を実施している。戦後の県営検査の初期には、私も検査員として動員された。検査は圃場と球根の2回の検査があり、圃場検査では混種とウイルス病株の徹底的な除去であったと記憶している。

◀豊田篤治氏（1916-1993）

◀豊田分場長の著作
A5判 199頁　表紙カラー

〈メモ〉
　2001年刊アンナ・パヴゥード著『チューリップ』白幡節子訳、大修館刊のチューリップウイルス病発見の記載は豊田氏の著述と若干異なる。

68話. 戸越農園によるわが国初の促成栽培の成功

　現在は、花屋の店頭にはいつでも季節はずれの多くの花々が売られている。この花の促成技術は、1925（大正14）年にオランダのエダ・ルエテン (I.Luyten) 女史等によるチューリップ球根の温度処理による促成技術に関する論文の発表が端緒であった。

　ところで、日本におけるチューリップの促成栽培技術の開発は、昭和5年から6年にわたり、ようやく戸越農園の石田幸四郎氏によって成功が最初であった。この時に用いられたチューリップ球根は、新潟県の高橋南山苑産のウイリアムピットを用いての成功であった。当時は、この促成技術は研究機関、学会でも未開発の分野で園芸業界での画期的な出来ごとであったという。なお、新潟でも高橋南山苑や新潟農園でも、昭和10年代の前半に促成栽培を成功させている。なお、戸越農園は昭和12年に移転した玉川用賀農場で、再びウイリアムピット、ヒュウブリリアント品種で促成、半促成栽培を成功させている。一方学会関係でも千葉県立高等園芸学校の穂坂八郎教授による、昭和12年の実際園芸誌26巻12号に「チューリップの促成開花の要訣」が掲載され徐々に普及することとなった。

〈メモ〉
　石田幸四郎氏（1897-1978）。わが国で最初にチューリップ促成栽培を昭和5～6年に成功。石田氏は昭和13～19年まで、戸越農園長。

わが国初のチューリップ促成栽培の成功を掲載の「戸越農園の歩み」の奥付
（B5判 118頁）

69話. 戦後の混乱期に画家たちに球根を 贈り続けた敦井栄吉

チューリップを描いた日本人画家を調べると、その日の食べ物にも困っていた戦後の混乱期に、著名な画家によってかなり多くのチューリップ画が描かれている。

これらのチューリップ画のすべてではなかろうが、多くは、新潟市の実業家で美術愛好家であった敦井栄吉さん（1888-1984）から贈呈された球根から咲いたチューリップを描いたものと考えられる。

敦井さんは新潟農園の跡地の一部で、戦後に敦井農場を経営し、生産球の一部を関係する実業家や美術関係者に毎年贈呈していた。敦井さんは、昭和58年には敦井美術館を創設されている。

私は卒論実験材料のチューリップ（品種ウィリアムピット）.を敦井農場に隣接する高橋南山苑農場から提供をうけ、スコップなど掘取器具は敦井農場の管理人大港松太郎さんから借用し、昭和27年春に10日毎に計9回、大港宅を訪れた。そこで3回に亘り、敦井さんからチューリップの思い出話を聞き、画家たちにも球根を贈呈していたことも聞かされている。残念なのは、本旨でなかったので誰に贈呈したのか詳しいことなどは卒論雑記帳に記載がない。

敦井栄吉氏　　新潟市の財界人で　かたわら
戦前の新潟農園の取締役　戦後は敦井農場を
経営するなど　チューリップにも深く係わる

〈メモ〉
　昭和20年代の敦井農場も、隣の南山苑農場の写真を私は撮影していない。
　敦井農場の管理人の大港松太郎さん宅は、秋葉神社の近くにあったと記憶する。

70話. 現在も続く鬱金香と鬱金の混同のこと

　58話で鬱金香を謎の多い植物と記載したが、更に鬱金香は、実存の植物の鬱金と混同されて現在に至っている。どうやら、この始まりは昭和31年刊の春山行夫著『花の文化史』第二のチューリップについて、「……鬱金は、メョーガ科のカンナに似た……わが国には江戸時代から地下茎を輸入し……いわゆるウコン木綿……カレー粉の黄色に使われているが、……それに名前の似た鬱金香はシナでは蕃紅花（サフラン）の異名だったのが、どういうわけでかチューリップの名前になったわけで、……」と記載がもとにあるようである。また、最近は、朝日新聞社の「花のおりおり」ブームの湯浅浩史著『植物ごよみ』2004年刊で、チューリップの和名を「……鬱金の……その花の香りが鬱金香で……」と記載しているなど、鬱金香と鬱金を混同している。

　また、わが国の国語辞典を代表する「広辞苑」でも、初版以来、「鬱金」の派生語として鬱金香を掲載し、更に「チューリップ」、「うっこんこう」と記載している。更なる混乱は、「チューリップ」の項で「鬱金香」のかたかな表記では「うこんこう」と記載している。初版（昭和30年）は「うっこんこう」で、昭和44年刊から「っ」を欠いている。これらの広辞苑の記載については、第6版出版後の平成21年6月11日、私は岩波書店を訪れ、辞典編集部担当課長と話し合っている。第7版ではどのように改められるであろうか。

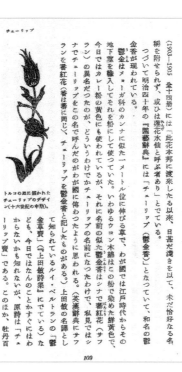

◀春山行夫著『花の文化史』第2
昭和31年刊での鬱金と鬱金香混同の初出は多くチューリップ文化史に引用された

◀春山行夫氏（1902－1994）は『花の文化史』の創始者で多くの著作がある
「花の文化史」第1～3 「花の文化史──花の歴史を作った人々」「花の文化史」雪華社版「花ことば」上下平凡社

71話. チューリップを新潟県と富山県の 「郷土の花」に

　昭和29年3月にチューリップは、新潟県と富山県で「郷土の花」に選ばれている。「郷土の花」は、社団法人日本植物友の会がNHK、日本交通公社、全日本観光連盟との共催で、文部、農林省、都道府県、地方有力団体の協賛のもとで、植物愛護、地方文化、郷土愛を育むことを目的に行われた。都道府県ごとに選定委員会を設け、葉書投票で選ばれた花の順位を中央委員会に報告し、最終決定している。

　富山県の郷土の花にチューリップが選定されるまでは、中央委員会から「新潟県と同じチューリップになることから、富山県はほかの花に替えるべきである」との意見があった。しかし、当時の高辻知事はじめ富山県関係者の強い意向でチューリップが選定されて、5月5日には新装の富山市公会堂で郷土の花の祭典が盛大に催されている。このとき、富山県の「チューリップ音頭」も発表されたという。

　一方、新潟県では郷土の花の選定は、あまり詳らかでない。私も当時は、県行政の花担当部門の農林部農務課特産係に在籍していたが、「郷土の花」の記憶はない。若しかすると新潟県の担当は、観光課だったのかも知れない。それにしても地元紙『新潟日報』にも郷土の花の記事は見当たらない。新潟県は、昭和38年8月に正式にチューリップを「県の花」に指定し公告している。

毎月1回15日発行（昭和28年11月25日 第三種郵便物認可）　　1954年4月15日発行（第10号）

東大教授　理学博士　本田正次先生監修

植物の友

（花と植物愛好者のための雑誌）

第二巻　第一号（通巻第十号）

郷土の花

本会が主唱し、N・H・K、全日本観光連盟、交通公社、植物友の会主催を以て行った「郷土の花」の選定は、去る四月十五日を以て締切り、二十二日、N・H・K開局二十九周年記念の特集番組として、同日午後三時半から四時まで、ラジオ第二放送で放送があった。この郷土花選定によって、全国民に、花についての関心を喚起せしめたことは、全く欣喜の至りで、この点深く協力団体に感謝を捧げたい。

宇田方氏が、三月二十八日朝、読売夕刊「ラジオ漫談」で、花の府県めぐりとして、二十二日から発見したN・H・Kの「郷土の花」これは近ごろ出色の企画である。普通府県がみわずから選んだ「郷土の花」じるしをもつというところに意義がある。し、中央選定委員の牧野冨太郎がいうように「人間をよくするために花を愛する」実をあげているよ、いと述べているのはよい批評で、われくは、今後これをどう取扱うかに深く注目しなければならない。

とあれ、郷土の花選定は予期以上に大成功裡に終ったことは、お互に喜しいこと・で、この投票に主役を勧めてくれた多くの本会会員諸氏との機会に深く感謝を申し上げたい。全てもれば、祝盃を以て行った「郷が、全てもできない。ただ、この運動を通じて愛花精神を高め、しかも後世に残る仕事をお互の手によって成遂げたことは、限りない喜びでもある。

放送をお聞きになった方は、御承知のことと思うが、選ばれた郷土の花は次の通りである。

「郷土の花」

府県名	花名
北海道	すずらん
青森	りんご
秋田	ふき
岩手	べにばな
山形	べにばな
宮城	みやぎのはぎ
福島	ねもとしゃくなげ
茨城	ねもとしゃくなげ
栃木	しもつけそう
群馬	れんげつつじ
埼玉	さくらそう
千葉	なのはな
東京	そめいよしの
神奈川	やまゆり
新潟	チューリップ
富山	チューリップ
石川	くろゆり
福井	すいせん
山梨	ふじざくら
長野	りんどう
岐阜	れんげそう
静岡	つつじ
愛知	かきつばた
三重	はまゆう
滋賀	しゃくなげ
京都	しだれざくら
奈良	ならのやえざくら
大阪	みかん
兵庫	のじぎく
和歌山	みかん
岡山	もも
鳥取	二十世紀なし
島根	ぼたん
広島	もみぢ
山口	なつみかん
香川	オリーブ
愛媛	えひめあやめ
高知	やまもも
福岡	うめ
佐賀	くすのき
長崎	うんぜんつつじ（みやまきりしま）
熊本	りんどう
大分	ぶんごうめ
宮崎	はまゆう
鹿児島	みやまきりしま

これらの花については、人によっては育成のできない花もあるかも知れないが、何年後の育成によって、どんな悪化を賢らすかはまだ深い興味の対象になる。

また、こうした第三回の興論調査を行ってもよい。花は時代により、人の嗜好により、悪化がある。花は第三回の興論調査が、どんな悪化を賢らすかはまだ深い興味の対象になる。

締切が底に終り、当選花状定も発表になった今日、ぞくくと投票が綿を絶たないとN・H・Kの係員がいつていたが、日本人とは、さて面白い人種である。

なお、N・H・Kでは、各期の花を次の予定で第一放送の午後三時十五分から発表するから、その放送に注目して欲しい。

郷土の花状送予定表（地名は放送局）

四、一七、東京　四、二四、大阪

72話. 日本生まれの新品種あれこれ

　富山県花卉球根農協の平成27年産チューリップ球根のカタログに掲載の203品種のうち36品種が、「富山生れ」の品種が占めている。

　また、新潟県花卉球根農協の平成27年産チューリップ球根のカタログでは、「新潟生れ（県園芸研究センターの育成）」の「越爛漫」などの9品種が販売されており、日本生れのチューリップ品種を楽しむことができる。

　私は、かつての著作『チューリップ・鬱金香』（農文協発売、2002年刊）の関連資料として、日本で育成されたチューリップ品種1999（平成11）年までに発表された321品種を記録している。日本生れのチューリップ品種の嚆矢は、富山県チューリップを育てた水野豊造氏によって昭和27年に発表された「王冠」「天女の舞」「黄金閣」「黄の司」の4種である。富山県では水野氏の交配育種の伝統に加え、更に砺波園芸分場が国のチューリップ研究機関の指定をうけたこともあり、加えて篤農家による枝変りの発見などで数多くの優良品種が育成されている。

　新潟県では、新潟大学農学部萩屋薫教授によって新品種の「星シリーズ」ほか数多くの品種を発表しているが、普及手段に問題があってか、普及は一時的であった。ただ、「星シリーズ」の「星のささやき」は、前記富山県花卉球根農協の平成27年産球根カタログで、唯一販売され続けているのが注目される。

　ところで、私の拙ない国産チューリップ品種の試作経験から、相変らず暖地（東京都内）における花後の生育で、高温適応能力の強い品種がみあたらないのは残念である。

日本生れのチューリップの品種——平成 27 年産球根のカタログから——

富山県オリジナル品種

1	黄小町	19	ありさ
2	ゴールデンエンパイヤステート	20	楊貴妃
		21	立山の春
3	月浪漫	22	乙女桜
4	夕月	23	初桜
5	あけぼの	24	桃太郎
6	サグレコールミズノ	25	カムロ
7	夕やけ小町	26	春乙女
8	恋茜	27	綿帽子
9	玉鬘	28	はちみつミルク
10	いぶき	29	春のあわゆき
11	オレンジビレッジ	30	白雪姫
12	紅輝	31	白雲
13	隆貴	32	銀盃
14	とやまれっと	33	紫雲
15	紅美人	34	シモン
16	紅獅子	35	夢の紫
17	新拓	36	紫水晶
18	由子		

新潟県オリジナル品種

1	恋心
2	越黄冠
3	越爛漫
4	キャドルルージュ
5	メリープリンス
6	ホワイトスワン
7	ナイトダンス
8	サンセットビーチ
9	スプリングファンタジー
10	星のささやき（富山カタログ）

73話. 新潟市と東京都でチューリップを
育てて思うこと

　長年砂丘の庭でチューリップを育て楽しんで来た新潟市では、苦労することなく育て続けることができた。しかし、東京ではマンションのコンクリートベランダという不利な条件下ではあるが、新球購入の初年度は、それなりに花を楽しむことはできるが、翌年のための新球を得ることは難しい。特に4月下旬から5月初旬にかけて開花するチューリップは、開花して間もなく茎葉は枯れはじめ、容易に充実した新球は形成されない。それでも4月上旬に咲く極早生系や野生種とその交配種は、植込み球よりは球根は小さくなるが、翌年も花を咲かせることができる。

　ここで若干気になることは、チューリップに係る園芸研究家といわれる人達の解説するチューリップの花後の管理については、どうやら優良な新球を形成する球根産地でのことである。むしろ東京都などの暖地では大胆ではあるが、新球形成はかなり無理であることを伝えるべきではなかろうか。できることなら、暖地でも毎年咲かせるチューリップ品種があるなら教えてもらいたいものである。

　ところで、東京などの暖地では、どうして茎葉の枯れるのが早く、充実した球根ができないのであろうか。どうやら、開花期以降の気温の急上昇がかなり影響しているのではないかと考えられる。

　東京など暖地で育てるチューリップの生育適温に関する学術論文（尾藤宗弘論文）、又は適応品種の検定資料があったら知りたいものである。

野生種のサキサテレスは3月下旬に開花した　5月5日頃には茎葉は枯れる

花粉親がアクミナータ種の「星のささやき」は　花は矮小となるが　2年目も4月上旬に開花した

74話．チューリップと数字の「3」との意外な関係

　植物の形態、すなわち花や葉や果実は、もちろん例外（奇形）はあるが、その種によって特定の数によって形成されている。

　チューリップの場合は、もちろん例外もあるが、数字の「3」と密接に関係している。チューリップの単弁花は、内花被が3枚、外花被も3枚で計6枚の花弁によって構成されている。「雄しべ」は3の2倍の6個、「雌しべ」は1ヶだが3室に分かれている。チューリップの葉は野生種、園芸種とも2枚から6枚と多様であるが、ゲスネリアナ種すなわち園芸種について、カール・リンネの「植物の種」で記載したように3枚が基本である。

　チューリップの染色体の数を調べると、2nは24で倍数体も必ず3で除すことのできる数となっている（例外としてレッドピットは異数体）。

　チューリップの図形も見事に三角形によって構成されている。その良い例が2004（平成16）年に新潟市で開催された第9回国際花卉球根シンポジュームの各種資料の表紙に記載されたチューリップは、花も葉も花茎も見事に三角形によって構成され、好評であった。

第9回国際花卉球根シンポジューム資料 平成16年4月14～22日 於新潟市

75話. 子供はなぜ好んでチューリップを描くのか

「小さな子供に風景画を描かせると必ずといっていいほどに、空にはお日さま、地上にはチューリップを描きます。」この一節は拙著『チューリップ・鬱金香──歩みと育てた人たち』への、新潟大学名誉教授萩屋薫先生から頂いた序文の冒頭の言葉である。萩屋先生は自らも油絵を嗜まれ、先生は「それは、チューリップの端正な草姿や花形そして鮮明な色彩……」が子供たちに受けるのだという。

　チューリップは、図形の基本である丸（曲線）と三角形と直線の組合せが容易であるためである。また、色彩もよく知られた童謡の赤、白、黄色で単純である。幼児たちは、むしろチューリップを描くという意図がなくとも、図形の基本の組合せと単純な色彩を用いることによって容易にチューリップに似せた花を描くことができるのではなかろうか。

序にかえて

新潟大学名誉教授　萩屋　薫

　小さい子供に風景画を描かせると、必ずといっていいほどに、空にはお日さま、地上にはチューリップを描きます。それは、チューリップの端正な草姿や花形そして鮮明な色彩が、子供たちを魅了しているからでしょう。

　花は、普通は食料にはならないものの、心の糧として、昔から世界中の人々に栽培されてきました。チューリップもその一つで、文化のバロメーターとして各国で栽培されてきました。私自身も新潟に住みついてから約45年、すっかりチューリップに魅せられ、その栽培や育種の研究にのめり込んできたものです。

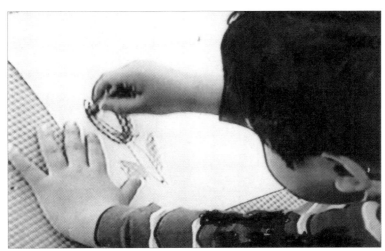

チューリップを描く園児
(NHK「新クイズ 日本人の質問 花特集」2003.3.30 放映から)

76話．童謡『チューリップ』など作詞の著作権争い

　「さいた さいた チューリップの はなが……」で始まる童謡「チューリップ」や「コヒノボリ」など六曲は、優しさ親しみやすさとは別に、昭和の終わり頃に、その著作権をめぐり大人が争う生いたちの悲しい歌となってしまった。この歌は、日本教育音楽協会の昭和7年発行の「ヱホンシャウカ」に発表されたが、作詞者は公表されず不詳のまま過ぎた。ところが、著作権の切れる昭和57年末に協会は、著作権者を同協会元会長小出浩平氏に改め、当時年間約400万円の著作権料は小出氏の死後50年間続くこととなった。

　これを知った東京都世田谷区南烏山5丁目に住む近藤宮子さんは、「歌詞は、父の東京帝大教授の藤村作が依頼をうけたが、童謡の作詞は無理と話され、私が作詞した」と声をあげた。なお、昭和45年には近藤さんは著作権登録の話し合いを小出氏としているが、「時間が経ち無理」とのことで断念した経緯もある。そして小出氏は自分の作詞であると主張し、裁判となる。平成元年8月16日に東京地裁は、作詞は近藤さんと認め、小出氏と協会に390万円の損害賠償を命じ、東京高裁も平成5年3月16日に近藤さんを作詞者と認める判決を下している。しかし、近藤さんは「この歌は、詠み人知らずにしておいた方が多くの人に歌い継がれてゆく気がして……」と語っていいたという（この項は、拙著『チューリップ・鬱金香』こぼれ話19に詳しい）。

童謡『チューリップ』 作詞 近藤宮子 作曲井上武士

晩年の近藤宮子さん
平成 11 年 4 月 8 日 92 歳で死去

77話.「チューリップの歌」のこと

　花の種類は数えきれないほど多いが、歌の曲名に花の名前のあるのは、極く僅かで、歌詞に花の名前のある歌も必ずしも多くない。これは、花に対する思い入れが、人それぞれによって違い、普遍的共感が得難いためだろうか。最近、テレビから東北震災復興応援ソング「花は咲く」のメロディが流れているが、手に持つ花はまちまちである。

　手許にある日本唱歌集（岩波書店刊）や、日本名歌三百曲集（新興音楽出版社刊）の曲名に花の名前があるのは、薔薇、菊、桜、チューリップ、からたちほか極く少なく、これらもすべての曲が歌い継がれている訳でもない。歌詞に歌いこまれた花の名前も菜の花、はまなすや椿など数少ない。歌謡曲での花の名前の曲名も「雪椿」「さざんかの宿」「シクラメンの香り」「りんどう」ほか数少ない。

　さて、「チューリップ」の歌では、現在も春になると童謡「チューリップ」は多くの幼稚園で歌い継がれている。また、富山県と新潟県には、かつてそれぞれ「チューリップ音頭」が全国公募で作られたが、現在は聞くことも少ない。「チューリップ音頭」の成りたち、それぞれの歌詞は拙著『チューリップ・鬱金香』農文協発売の「こぼれはなし16」に詳しいので参照されたい。

　なお、新潟市では、平成12年に市の花であるチューリップを、更に愛でるため全国公募で「新潟市チューリップ愛唱歌」を選定している。現在もテレビの市広報のテーマ曲などとして利用しているとのことである。チューリップは、花のなかでも思い入れの強い花のひとつなのかも知れない。

新潟市チューリップ愛唱歌CDのカバー
(チューリップ文庫蔵)

新潟県「チューリップ音頭」のレコード
(チューリップ文庫蔵)

78話. 暗闇栽培でも彩色で咲く
チューリップ球根のパワー

　平成20年3月9日、朝7時からの日本テレビの「目がテン」という番組で、「チューリップを科学する」が放映された。チューリップ球根の驚くべきパワーとして、暗闇栽培で生長させたチューリップが、着色した花を咲かせることが放映されたのである。

　放映後に茨城県農業総合センター園芸研究所の本図竹司花き研究室長からDVDと便りが届き、暗闇栽培でも着色した花を咲せたチューリップは、本図さんの実験によるものであることを知った。

　私も長年にわたりチューリップを育ててきたが、このような実験の発想は思い浮ばなかった。また、これまでこのような実験の報文に接したこともなかった。植付時の球根の切断で花芽は着色していなかったが、その後どの時点で着色するのか、あるいは品種間差異があるのかなども私は正確には確認していない。暗闇栽培では葉緑素は形成されていないが、花木や種子からの花も着色するだろうか、興味は尽きない。

　何れにせよ、暗闇栽培でも花は着色するチューリップ球根の驚くべきパワーを秘めていることを改めて知らされた。

本図竹司博士（1955〜）は 現・茨城県生物工学研究所長で、チューリップのみならず フリージアについては我が国の第一人者である

暗闇栽培でも彩色で咲いたチューリップ
（茨城県園芸研究所本図花き研究室長のＤＶＤから）

79話. 花の資料文献の宝庫・岩佐園芸研究室

　私の書架に岩佐吉純さんから届いたファックスや手紙などを綴じたファイルが収められてある。それは、2002（平成14）年6月9日から岩佐さんが急逝される2006（平成18）年5月までのごく短い期間のものでしたが、実に多くのことを教えて頂いたし、貴重な海外の図書も何冊かを恵送いただき、珍しいフランスの高級ワインを飲む会にお招きいただくなど、短かったが実に濃い付き合いをさせていただいた。ことの始まりは、千葉大学園芸学部安藤敏夫教授に千葉県立高等園芸学校林脩己講師（明治42年〜大正12年）の略歴と業績を聞くために訪れた際に、岩佐さんを紹介していただいたことに始まる。

　岩佐さん宅を訪れてまず驚いたのは、1階にはアコーデオン方式の書架に膨大な海外の図書が収められ、2階には日本の明治期以降の園芸書やカタログ類が収納されており、その量に圧倒された。岩佐園芸研究室は、日本のみならず世界でも、個人はもとより大学や研究所でも、これだけの花関係の資料文献が整えられているところは、少ないのではないだろうか。

岩佐園芸研究室を創設した岩佐吉純さん（1931-2006）

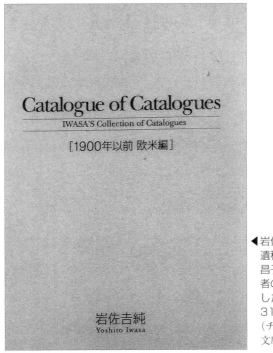

◀岩佐吉純さんの遺稿を奥さんの昌子さんが関係者の協力で出版した図書　A4 318頁（チューリップ文庫蔵）

80話. 20世紀に生まれたチューリップの
名前誕生伝説

　伝説には、古くからの口伝えによるものと、後世に古きを慮った話として生まれるものとがある。このチューリップという名前の誕生伝説は、16世紀半ばの話について20世紀に至り生まれた伝説ではなかろうか。

　ことの始まりは、英王立園芸協会の名誉会員のムレイが、1909年の同会雑誌に寄稿した「チューリップ及びチューリッパ狂時代序論」という論文に始まる。ムレイは、この論文で神聖ローマ帝国の外交使節のブスベックがトルコの人達がチュリパムという花について紹介だけに終れば、この伝説は生れなかったであろう。しかし、ムレイはブスベックのチュリパムについて重大な考察を行ったのである。即ち要約すると、「トルコではチューリップはラーレという名前である。……もしかすると通訳が＜この花はトルコ帽に似ている＞といったのをブスベックが、この花の名前と勘違いしたのかも知れない」と記載した。このムレイの考察は、イギリスの著名な園芸学者でチューリップ研究の第一人者のダニエル・ホールが、1940年に出版した著作『チューリップ』に引用したことにより、「チュリパムのブスベックの勘違い説」は、本格的な伝説として伝えられることとなった。日本では、京都大学塚本洋太郎教授が1953（昭和28）年に刊行の石井勇義編『園芸大辞典』で紹介し、更に春山行夫著『花の文化史　第二』でも紹介されて、その後多くの著作に引用されている。ちなみにムレイ論文以前のチューリップ文化史には、この記載は見当たらないのではなかろうか。

20世紀に生まれた『チューリップの名前誕生伝説』の経緯

INTRODUCTION OF THE TULIP, AND THE
TULIPOMANIA.

By Mr. W. S. MURRAY, F.R.H.S.

[Read March 9, 1909.]

preparation of this paper on the introduction of the Garden
...rope and the subsequent craze or gamble in the seventeenth
...ave had the privilege of consulting the magnificent library
...Mr. Krelage, and at the outset I take the opportunity of
...n for his kindness and courtesy in allowing me free access

...mention of the introduction of the Garden Tulip into
...made by Richard Hakluyt, who, in 1582, in his "Remem-
...nings to be Endeavoured at Constantinople," says: "And now
... four years there have been brought into England from
...ustria divers kinds of flowers called Tulipas, and these and
...ed thither a little before from Constantinople by an excellent
...L. Carolus Clusius."

...vas, however, wrong in attributing the honour of introducing
...m the Levant to Clusius.
...ugerius Ghislenius Busbequius, the Ambassador of the
...dinand I. to the Sultan, was travelling to Constantinople in
..., he saw this flower for the first time in a garden between
...nd Constantinople. The most remarkable passage in his
...journey reads as follows: "As we passed, we saw everywhere
...flowers, such as the Narcissus, Hyacinths, and those called
...Tulipan, not without great astonishment on account of the
...ear, as it was then the middle of winter, a season unfriendly
...Greece abounds with Narcissus and Hyacinths, and those have
...agrant smell; it is indeed so strong as to hurt those that are
...ed to it. The Tulipan, however, have little or no smell, but
...or their beauty and variety of colour. The Turks pay great
...he cultivation of flowers, nor do they hesitate, though by no
...agant, to expend several aspers for one that is beautiful. I
...al presents of these flowers, which cost me not a little."*
...that the Turks call the flower Tulipan is founded upon
...anding, as the only Turkish name for Tulip is "Lale."
...er to Busbequius may have described the flower as being
...Turkish headgear, the fez, which is the shape of a cup.
...s a Persian word for Nettle-Cloth, such as the Turks use as
...n which Europeans derive the word turban.
...years later, in 1559, Conrad Gesner saw the first Garden
...re grown outside Turkey growing in a garden at Ausburg.

* Busbequii Ep. Basiliae, 1740, p. 36.

①ムレイ論文

HISTORY OF THE GARDEN TULIP 39

pay a considerable sum for an exceptional
flower." In this account Busbequius started
an error in the word tulipam that has persisted.
The only word the Turks use for tulips is the
Persian 'lalé'; 'tulband' is the Turkish form
of the Persian 'dulband', signifying the cloth out
of which a fez is made, the word from which
again our English 'turban' is derived. Pre-
sumably Busbequius misunderstood his inter-
preter who compared the tulip to a tulband.
Busbequius sent or brought back bulbs and seeds
to Vienna, for in 1572 Clusius met him in Vienna
and obtained from him a lot of seeds and several
bulbs, which he sowed in 1575 and following
years, though they were old and shrivelled and
would scarcely grow.

②ダニエル・ホールの著作『チューリップ』での引用文

もとに一括されるのが妥当と考へられてゐる．チューリップが歐洲に入つたのは 16 世紀のことで，最初に紹介したのはフェルヂナンド一世の大使ブスベクイウス（BUSBEQUIUS, A. G.）である．1554 年彼がトルコのコンスタンチノーブル附近に栽培されてゐるのを見て問ふたところ，通譯がターベンのトルコ語 Tulband を形容として使用した．ブスベクイウスはこれを植物名と判斷して傳へたため，チューリップの呼名が生じた譯である．

ブスベクイウスはチューリップの球根及び種子を手に入れ，ビエンナに持歸つた．1572 年には，後てチューリップの普及に重要な役割を演じた

③塚本洋太郎京都大学教授の『園芸大辞典』での紹介

チューリップはトルコとペルシアではラレと呼ばれているので、ブスベクイウスは多分、その時の通譯者が花の形をターバン（トルコ語のツルバン又はツルベン）に似ているといったのだろうと思い違いをしたのだろうとみられている。

その他、フランスのピエル・ベロンという旅行者が、一五四六年から一五四九年の間にビザント（舊出）に旅行して、トルコ人の庭に映えている「赤いユリ」が最初に映えているのをみたと書いているが、このユリというのは、「故國の庭に映えている品種とはちがって、白ゆりの花に似ているものだ」と書いているところをみると、チューリップのようにも受取れるが、葵の形の描寫も……

フェルヂナンド一世の大使としてトルコに派遣されたビュスベキウス（後出）が一五五四年に書いたもので、彼はアドリアノーブルとコンスタンチノーブル間の路傍に、トルコ人によってチュリバムと呼ばれる花が、水仙やヒアシンス花などと一緒に咲いていて、花のすくない冬の最中だったにかかわらず、あまりに豐富だったので、どくありよく知られた花に思われたといい、ギリシア人のすきな水仙とヒアシンスは香りがよく、それに劣らない者には強すぎるくらいで、あるいは香りのない花であることや、トルコ人は園藝に熱心で、私にもチュリバムの数本をくれたが、私はそれにすくないからぬ代金を支拂つたと言っている。

④春山行夫著『花の文化史　第二』での紹介

81話．ダ・ヴィンチ「受胎告知画」の 天使の足元に咲く花は？

　私がレオナルド・ダ・ヴィンチの「受胎告知画」にチューリップが描かれていると知ったのは、小説現代 1994（平成 4）年 7 月号の明石散人『ナゾ多き花の話・チューリップはいつどこから来たのか』であった。しかし、この明石氏のチューリップについての論考は、「推理と空想」のもとで、文化史的には支離滅裂で、受胎告知画にチューリップが描かれているといわれても、にわかに信じ難く、1 件のチューリップ文化史情報として、私はこれほど結論を得るまでに長期間を要した案件はほかにはなかった。

　まず、美術書・画集などの調査、更に 2004（平成 16）年にはウフィツィ美術館を訪れ、受胎告知画を直ちに観賞もした。更に混乱させられたのは、東京国立博物館での「レオナルド・ダ・ヴィンチ──天才の実像」展での恵泉女学院大学池上英洋准教授のＮＨＫ新日曜美術館での「トゥリーパ・シルベストリス種説」や、東京国立博物館への質問に対する回答であった。しかし、幸なことに、展覧会の 80 万人もの観賞者の誰も見たことのない天使の足元の花の拡大図を入手することができ、つぶさに検討することができた。私の結論は、描かれた天使の足元に描かれた花は園芸的視点では、シルベストリス種ではないこと、そして、ダ・ヴィンチは、生れ育ったダ・ヴィンチ村の花に似せ、そして遠くベツレヘムに思いを馳せて描いた花が、後世の人にチューリップと思わせることになったと、私は考えている。

ダ・ヴィンチ「受胎告知画」 東京国立博物館発売、絵はがき

天使ガブリエルの足元に描かれた花園の一部

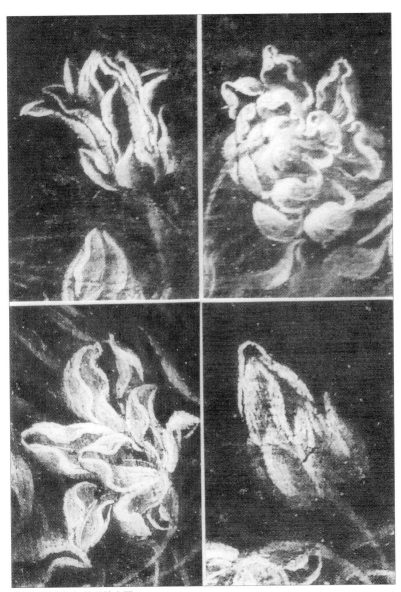

花園に描かれた花の拡大図

82話. 文化誌を読み解く（1）藤井信雄著『チューリップ球根の生産と輸出』

　この著作は、チューリップ球根について、農業経済、経営学の視点で分析した特異な資料である。戦後の混乱が続く昭和24年11月に現地調査し、戦前の球根生産に深く係わった新潟県小山重、田中清二郎、富山県の水野豊造、宮下鉄蔵氏からのききとり調査し、更に文献調査したとしているが、考えられない誤りが随所にみられる。なかでもチューリップ球根生産を否定的に結論づけていることに昭和32年秋季園芸学会の座談会で塚本洋太郎京都大学教授や遠山正瑛鳥取大学教授がこの著作を厳しく批判している。（「日本のチューリップ生産上の諸問題」1957：砂丘研究4（1）参照）。

①新潟県の小田喜平太氏と小山重の出合を大正7年としているが、小山氏の新潟県中蒲原郡技手の採用は大正7年8月で、翌8年春のチューリップ開花期からであること。

②富山県のチューリップ球根生産について「昭和5年ころに開始した」、更に「昭和5年に偶然な事から水田裏作として球根栽培が始まる……」。明らかな誤りである。

③新潟農園の設立についての誤り「昭和6年新潟電力会社の出資にかかる資本金15万5千円……で創立して……」。事実は、昭和7年設立総会。新潟市の財界人など23名の出資。

④チューリップ生産量についても米国輸出には低温処理の必要性を強調し、3000万球輸出に5000町歩の作付が必要と記載。

⑤その他、新潟県副業奨励助成金のこと、新潟、富山県に適地がないこと。輸出農産物、そして、内需についてもかなり否定的な論調であることなど。

　この著作の論調とは逆に、その後の新潟、富山県のチューリップ球根生産は、大きく発展している。

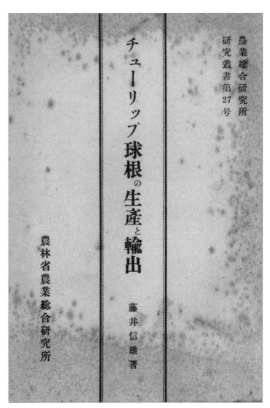

A5 判 126 頁
(昭和 28 年、農林省農業総合研究所刊)

83話. 文化誌を読み解く（2）春山行夫著
『花の文化史　第二』など

　これまで春山行夫氏を超える花の文化史の著作が見当たらない、チューリップについても、その後に出版された文化史では春山行夫氏の著作からの引用が実に多い。しかし、春山氏の著作にも一部に誤りというか誤植があり、そのまま引用されているのは残念である。以下に主な項目について検討してみたい。

①「チューリップは本草図譜にチュリッパという名で出ている……」。実に多くの資料に引用されている。本草図譜では「チュリパ」で「ッ」を欠く。誤植であろうか。

②「前田曙山の園芸文庫に蓮華水仙と呼ぶものありとでている。つづいて、明治40年の園芸辞典にはチューリップ（鬱金香）となっていて、和名の鬱金香が現われている。」あたかも明治時代の図書のチューリップの初出が園芸文庫で、しかも鬱金香の初出が園芸辞典であるかのように誤解されて引用されている事例が多い。

③鬱金香の解説で「鬱金はミョーガ科のカンナに似た……ウコン木綿はこの粉で染め、鮮黄色で今日でもカレー粉の黄色に使われ……鬱金（ウコン）と混同」して説明している。鬱金香と鬱金は全く別植物である。

④チューリップの文化史（ガーデンライフ33号所収）では、「牧野博士の日本植物図鑑では鬱金香を〈ウツコンソウ〉と読ませているとあるが、牧野植物図鑑にはこの語句は見当らない。

　何れにしても春山氏の花の文化史は、引用が多いので誤植には留意し、かつ出典が明確であるので、引用に当たっては原本を確認することが大切である。その良い事例が本草図譜の「チュリパ」と「チュリッパ」で、今なお誤って引用されている。

◀ガーデンライフ
春 No.33
（22〜26頁に所収
昭和45年　誠文
堂新光社刊）

◀新書判215頁
（チューリップ84〜
98頁　昭和31年
中央公論社刊）

84話 . 文化誌を読み解く（3）安田勲著
『花の履歴書』

　著者は岡山大学名誉教授で、花の技術関係著作もある。同氏の『花の履歴書』のチューリップについては、あまりにも多くの文化史の定説や事実と異なる記載がある。以下は、その問題のある記載のあらましである。

①チューリップの学名は1561年にリンネが彼の発見を記念してT.gesnerama L とした。

②チューリップを西ヨーロッパに紹介したブスベックはチューリップを評価しなかった。

③……1614年パセウスが自費でオランダのチューリップ書を翻訳したなど……。

④トライアンフ系はいつごろ現われたか明かでないが、ダーウィン系よりは古くから出現した模様。

⑤……岩崎常正の本草図譜にチューリップという名で出ているのがはじめて……。

⑥「園芸文庫のチューリップの初出と園芸辞典の鬱金香の初出」。

⑦チューリップ球根が輸入されだしたのは明治37、38年の日露戦争以後で、それは明治政府の勧農寮によるもので……。

⑧チューリップを各地の試験場に配布して試作……新潟地方だけ良い成績……。

⑨当時（昭和初年か）の国内価格は小売り1球2～3銭と覚えている。

⑩富山県産球根は国内向の球根生産で、新潟、京都、島根の砂丘地生産球は輸出向として区別されると誤った記載している。

　その他、ここでの記載は省略したが、随所に事実と異なる記述がみられる。この著作からの引用は要注意である。

四六判 187＋34頁　チューリップ 111〜119頁に記載
(1982年、東海大学出版会刊)

85話. 文化誌を読み解く（4）国重正昭著
『作業12ヶ月 チューリップ』など

　国重氏は、農水省から富山県に出向し、農業技術センター長や、砺波市チューリップ四季彩館名誉館長、そして著作などでチューリップの普及に貢献してきた。

　著作での文化史の記述では、特に日本初渡来については、文久年間の渡来を認めつつも、それ以前に渡来していたとの考えを固執されていた（私信）。

　以下、国重氏のチューリップ文化史の記述での注意項目。

① 「1800年ころオランダから日本へ……わが国へは、江戸時代の1820年代に渡来」。これらの根拠は本草図譜の記載から文久年代までに期間があるためとしている。

② 「原生地は……北緯40度線に沿って広い範囲に広がっています」。たしかにこれまでの資料では、記載のとおりであるが、私が詳細に調べたところ中央アジアは40度線上にあるが、西のアフリカからギリシャは30～35度で東の西シベリアは、55度と大きく北に片寄っている。

③ 「……プラハの王立薬草園長クルシュウスが……」と記載しているが、クルシュウスはウィーンで活動していたが、プラハ薬草園長の経歴もプラハ居住もない。

④ 「ドイツの学者ゲスナー……」はコンラート・ゲスナーはスイスの博物学者の誤植。

⑤ 「ウイルス病によるモザイク模様であることが、レンブラントなど当時のオランダの絵から判断できます。」とあるが、レンブラントが描いたフローラの絵にはウイルスの病斑はみられない。

⑥ ウェインマン花譜の所蔵、群馬県立館林図書館は、館林市立図書館（館林教育委員会）の誤植である。

四六判 135 頁
(1993 年、日本放送出版協会刊)

86話. 文化誌を読み解く（5）
『週刊花百科⑤』チューリップⅠ

　この週刊花百科のチューリップは、実に美しい写真で見る人を楽しませてくれた。しかし、この美しい写真も解説文は相変らず引用文献の不適切と誤解によって、誤った情報を提供しているのは残念である。

①カルロス・クルシウスについて「……今度はウィーンからオランダにチューリップをもたらして、"オランダ園芸史"に名を刻んだ……」。クルシウスはライデン大学に赴任する５年前からフランクフルトに住み、チューリップもここから持ちこんだ。

②アマナの写真の解説文「……多年草で福島県、石川県以西の山中に分布……」は、引用文献の不適切か、事実は宮城県、秋田県以西で、特に新潟県佐渡市は、日本で最も自生の多い所。

③「……ウェインマンの花譜から『鬱金香・チュリッパ』として本草図譜に記載」。「チュリパ」で「ッ」を欠くのが正しい。

④「文久２年頃に幕府の物産所に植えられたチューリップは、２月に植えたため花は咲かなかった」は誤り。開花した彩色画が海雲楼博物雑纂（東京都中央図書館）に残されている。

⑤当時（大正８年以降）……アメリカ、カナダ、中国へも輸出された。」事実誤認である．日本産チューリップの輸出は昭和９年からで、大正時代は１球もない。

⑥「1878年、アルバート・レーゲルがトルケスタンでカウフマニアナを発見する。」カウフマニアナ種の記載は父のレーゲルが1877年に記載している。

⑦「1906年、フォステリアナ系が育成された」。育成年でなく種の記載年である。

Ａ４判、230 × 297㎜ 36頁
(平成16年3月26日、講談社刊)

87話 . チューリップの切手のこと

　私の書架にチューリップの切手とチューリップの絵はがきの
ファイルがある。しかし、この収集は、つれずれで未完のままで
ある。

　日本におけるチューリップ記念切手の発行は、意外に遅く、ど
うやら平成年代になってからのようである。それまでも郷土の花
の選定や、チューリップにまつわる話題は少なくなかった筈であ
るのにどうしてだろうか。私のチューリップ切手収集綴からする
と、最初のチューリップ記念切手の発行は、平成2年7月の「都
道府県の花シリーズ」の新潟県と富山県のチューリップ切手の
ようである。収集もれもあるかも知れないが、これまでの日本にお
けるチューリップ記念切手の発行は、16件29枚を数える。

　そもそも私がチューリップの切手を最初に目にしたのは、実物
ではなく、昭和54年刊行の『世界植物切手大図鑑』で海外のチュー
リップ切手を見た。その後、昭和59年刊行の小倉謙コレクション
による『世界植物切手図鑑』で、国別のチューリップ切手を探索
することができた。これらの切手の多くは種名まで記載されてい
るものが少なくなかったが、ほかの植物、花に比べてチューリッ
プ切手を発行している国は22ヶ国と意外に少なかった。これら両
著作のその後も世界のチューリップ切手は発行されていると考え
られるが、私はその実態を把握していない。

日本のチューリップ切手 1
(チューリップ文庫蔵)

日本のチューリップ切手 2
(チューリップ文庫蔵)

世界のチューリップ切手
(チューリップ文庫蔵)

〈メモ〉
　チューリップ文庫蔵書のフランスのＡ．Ｌ．Storkの著作に、世界のチューリップ切手（カラー）20枚の掲載がある。

88話．チューリップの絵（郵便）はがきのこと

　チューリップの絵はがきはチューリップ切手とちがい、郵政当局の意向をうけることなく、所蔵する美術館や同企画展などで自由に発行できる。したがって、チューリップの絵はがきの発行も実に多いのではなかろうか。残念ながら私は発行されたチューリップ絵はがきの多くを把握していない。

　郵便局発行のチューリップの郵便はがきで私の所蔵は「たいないめぐり」の「チューリップ畑」50円（2003年）と「越後路潤いの四季」の「チューリップ畑と菅名岳」50円（1996年）、そして、2002年ワールドカップ記念の50円はがきだけである。

　美術館発行のチューリップはがきは、彌生美術館の蕗谷虹児展や高畠華宵展、また山種美術館の奥村土牛の「チューリップ」更には、ちひろ美術館の数々のチューリップ画、そして鉄道画家松本画伯の「彩の渓谷」は数少ない風景画として貴重である。

　訪れた海外の美術館は僅かであるが、どの美術館にも著名な画家のチューリップのある花の絵が飾られ、売店にはその絵はがきが売られていた。

　例をあげれば、アムステルダム美術館（ハンス・ボウレンガーほか多数）、フランス、ハルス美術館（ハンス・ボウレンガー）、ウィーン美術史美術館（ヤン・ブリゥゲル）、ドレスデン・アルテマイスター美術館（ヤン・ダビッデス・ヘーム）、トプカプ宮殿売店（チューリップ紋様画）などである。何れにせよ個人で海外の美術館が発行する絵はがきを収集することは至難である。

50円絵はがき　2003年発行

50円絵はがき　1998年発行

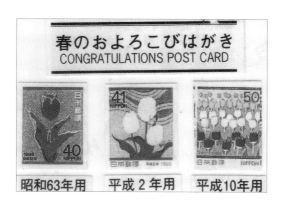

〈ふみカード500〉

◀松本忠画伯（鉄道画家）
「彩の渓谷」絵はがき
チューリップの風景画
は貴重

〈メモ〉
①日本の美術館等で発売の絵はがきを文庫で多数所蔵するも掲載を略。
②チューリップ文庫収集の海外の美術館等の収集絵はがきも掲載略。

〈テレホンカード500〉

217

89話. 球根の隔離検疫制度の緩和（輸入自由化）の始まったころ

　私は、球根の隔離制度の緩和の始まったころ、球根生産の主産県新潟県で園芸行政の実質的責任者であった。あれから四半世紀を経た現在、産地の衰退をまのあたりにして複雑な思いである。

　昭和61年5月初旬、新潟県新津市のサツキ祭の席上で、後で農林大臣（昭和62年11月6日〜63年12月28日）となる新潟2区選出の佐藤隆代議士から、産地として隔離制度の堅持するよう国に働きかけをすすめられた。そこで、急拠富山県花卉球根農協の水野嘉孝さんと相談し、両県合同で生産者団体と行政担当者で国に制度の存続を要請した（畑中農産園芸局次長）。

　しかし、結果は、オランダの要請に既に政治決断されており、技術問題としてオランダの望むテーブルで話合いが進められており、制度存続は無理なことであった。新潟、富山両県とも制度改革後の球根生産対策の充実を個別に要請した。これまでもカンキツ、牛肉、加工トマト、サクランボなど輸入自由化対策を参考に対策を要請はしたものの、球根生産業は、当時の関係農家数は4000名を超える程度でその生産額も十数億円で、及ぼす影響は小さいためかどうか、両県の要請は、ほとんど受入れられることはなかった。

　なお、この隔離制度の改廃についての経過のあらましは、拙著『チューリップ、鬱金香』農文協発売を参照されたい。

新潟日報の記事（昭和61年5月13日）

第三種郵便物認可

球根の隔離検疫制守れ
きょう国へ働きかけ

本県と富山

オランダからの球根輸入に主張しているが、これはあくまで防疫上の技術問題。現実に検疫のため隔離栽培していついて手続き簡素化の動きが植物検疫専門家協議で具体化してきたが、本県と富山県のチューリップ主産県は現行の隔離検疫制度の存続を求め、きょう十三日農水省に働きかける。

先月二十二日から三日間東京で開かれたオランダ・日本植物検疫専門家協議では、オランダ側が従来の隔離検疫に代わる新検疫システムの採用を主張し「最終的に合意するためには前提となる現地調査を終わる必要がある」と両者了解し、日本側は今月下旬に検疫専門家で構成する調査団をオランダへ派遣することで決着した。

これに対し国内チューリップの主産庭地である本県、富山県は隔離検疫を非開放撃で、球根の病害を調べるため球

るほか検疫では輸入球根からの病気が常に心配（木村敏助・興農業担当相が「ストレートに輸入を」と市場開放問題と絡めて要望し、昨年来日したルルフ・ベルス首相も中曽根首相に善処を求めていた。

オランダ側の新検疫システムとほぼ、既に本県園芸試験場でも成功しているエライザ法によるウイルス検査法を採用輸入手続きの簡素化を考えているとみられる。隔離検疫は、外見では判定できない球根の病害を調べるため球山県の受け止めは「オランダは隔離検疫を非開放撃で

る有無を確認する制度。昭和二十五年いらい採用されているが、五十九年来日したプルフ水首相が「ストレートに

畑中農園芸組合次長らに参加花卉球根専門家協（新潟市）本県からは木村醸長のほか県と生産者代表が合同で行い、隔と生産者代表が合同で行い、隔の態度。十三日の対農水省要請には両県の園芸行政担当者

検疫システムの採用には反対条桑園芸顧県長）とし、新しい気が発見されており、この病

隔離栽培免除チューリップ品種数と輸入球根数

	免除品種類	累計	輸入球根数
昭和 63 年	31	38	33,830 千球
平成 1 年	54	85	51,500
2	55	140	65,770
3	40	180	103,830
4	14	194	115,437
5	54	248	138,037
6	293	541	133,787
7	128	669	194,637
8	115	784	202,293
9	91	875	218,300
10	97	972	243,426

資料：免除品種数は農水省植物防疫課資料
　　　輸入球根数は植物防疫統計
　　　平成 11 年以降の免除数は不詳

〈メモ〉
　平成 27 年 8 月現在の免除の品種数は、農水省植物防疫課でも把握していない（電話照会）。ただ毎年オランダの現地調査は実施しているとのことである。免除の始まった頃の約束は、かなり形骸化してはいないだろうか。

90話. 輸入自由化から四半世紀で
日本の球根生産は激減した

　チューリップ球根の隔離栽培制度の緩和、いわゆる球根輸入自由化は、1988（昭和63）年に31品種の撤廃に始まり、その後徐々に増加して、1998（平成10）年は972品種となって、ほぼ完全に自由化された。

平成10年以降の日本のチューリップ球根生産の推移

項目 年	収　穫　面　積（ha）					出　荷　量（4球）				
	全　国 （農水統計）	新　潟　県		富　山　県		全　国 （農水統計）	新　潟　県		富　山　県	
		農水統計	県統計	農水統計	農協統計		農水統計	県統計	農水統計	農協統計
63	449	221	304	161	212	130.300	58.300	58.629	56.400	56.441
11	463	200	252	228	227	9.700	37.100	35.139	48.100	48.227
12	430	181	253	219	219	95.400	40.500	40.322	50.200	50.063
13	394	168	229	203	203	82.500	33.100	31.234	46.300	46.283
14	365	161	205	187	197	77.800	33.700	32.288	41.900	41.945
15	318	142	192	166	168	60.400	25.600	25.450	33.500	33.512
16	291	129	180	150	151	55.300	25.500	24.666	28.700	28.726
17	282	129	175	141	140	53.500	25.200	24.448	27.200	27.222
18	261	128	164	122	123	49.800	22.300	22.189	26.500	26.468
19	−	−	152	−	118	−	−	18.570	−	28.698
20	−	−	143	−	113	−	−	19.484	−	27.828
21	−	−	136	−	106	−	−	18.422	−	27.130
22	−	−	128	−	108	−	−	17.243	−	23.799
23	−	−	116	−	101	−	−	15.011	−	22.312
24	−	−	112	−	95	−	−	14.061	−	19.450
25	−	−	100	−	85	−	−	12.458	−	18.478
26	−	−	93	−	79	−	−	12.177	−	18.866

注） 平成10年までのチューリップ球根生産統計は拙著『チューリップ鬱金香』（農文協刊）を参照のこと

　この間の平成10年頃までの10年間の日本の球根生産への影響は少なかったが、完全自由化の平成10年代は球根生産の減少が著しくほぼ半減している。2007（平成19）年以降の「花き生産出荷統計」は廃止され、これを新潟、富山両県の花卉球根農協調査資料で補足して動向をみると、更にわが国の球根生産は激減している。かつて、新潟県出身の日本画家横山操画伯が回想したチューリップ咲き、あげ雲雀を聞く、新潟での春の風景は消えつつあるのだろうか。

輸入自由化後のチューリップ
球根生産農家数の推移（戸）

		新潟県	富山県
昭和	63	706	431
平成	1	679	417
	2	652	408
	3	623	387
	4	620	377
	5	601	358
	6	573	346
	7	546	324
	8	493	306
	9	459	291
	10	435	281
	11	413	259
	12	394	238
	13	378	215
	14	332	194
	15	308	172
	16	283	158
	17	264	150
	18	249	137
	19	234	130
	20	224	123
	21	210	122
	22	196	122
	23	180	111
	24	169	109
	25	159	93
	26	141	87
	27		83

〈品種の記憶　7〉
ウイリアム ピット William Pitt.SL.1891.
―― 促成に優れ、昭和の戦後を代表する品種であった ――
（チューリップ文庫コレクション　富山県浦嶋修氏提供）

〈品種の記憶　8〉
イル デ フランス Ille de France.SL.1968.
　── 平成にウイリアム・ピットを超えた品種となる ──
（チューリップ文庫コレクション）

〈品種の記憶　9〉
ウェスト ポイント West Point.L.1943.
── 戦時中の命名、米陸軍士官学校との関係は ──
（チューリップ文庫コレクション 2006.4.　新潟県横越村にて）

Ⅶ. チューリップ文化史紀行

　チューリップは文化史的には話題の豊富な不思議な植物である。

　まず、そもそもイスラム社会の花から 16 世紀半ばに神聖ローマ帝国に伝えられたことによって園芸史に登場した。そして、17 世紀前半には、いわゆるチューリップ狂時代と呼ばれる世界で最初の経済投機がチューリップ球根を介して一国の経済を揺るがしている。また、1920 年代には、オランダで開発されたチューリップの開花を人為的に調節する技術が、その後多くの花の周年開花と出荷の道を拓いている。このほか、19 世紀から 20 世紀初頭には多くの話題を伴い、遺伝子源として有望な野生種が発見されるなど、実に多くの話題がある。

　私は、これらのチューリップ文化史に係る関係箇所を訪れ、当時を偲ぶため 2000（平成 12）年から、ヨーロッパにチューリップ文化史旅行を試みてきた。ただ残念なのは、ドクターストップで中央アジアの野生種の原生地を訪れていないのが心残りである。ここでは、別途にまとめた私の『チューリップ文化史紀行』から、そのあらましをメモったものである。なお、2003 年 5 月に、イングランドからスコットランドのチューリップを尋ねる 1 週間のドライブ旅行（同乗）と、英王立キューとエジンバラ植物園を訪れているが、私の旅行計画が的確を欠いたため、チューリップを語る話題が少なく割愛した。

91話. レンブラントとボウレンガーが描いた
チューリップ（アムステルダム国立美術館にて）

　私のチューリップ文化史紀行は、まず、オランダから始めた。
2000年春に、パリからの夜行寝台列車から降りたアムステルダム
中央駅頭は、曇天で、4月末というのに肌寒い朝であった。聞く
ところによれば、このような曇天は例年のこととのことである。

　まず、チューリップ画やチューリップを世界の園芸史に登場さ
せたブスベックとオランダにチューリップを普及させることに功
績のあったクルシウスの肖像画を鑑賞する目的で、アムステルダ
ム国立美術館を訪れた。偶然にも当日は、特別企画展「17世紀オ
ランダ芸術の黄金の世紀展」開催初日のため入場するためかなり
の時間を要した。しかし、特別展では、世界各地から集められた
花関係の絵も鑑賞する予期せぬ幸運に恵まれた。

　なかでも、レンブラント（1606-69）のフローラ2作品のうちの
1作品をエミルタージュ美術館から、この特別展のために里帰り
していた。フローラの新妻サスキアの花かんざしのチューリップ
は、京都大学塚本洋太郎教授が指摘（『花の美術と歴史』）するよ
うにウイルスに犯されておらず、花弁の先端も尖っていないと観
賞できた。

　また、この特別展には、ほかにも6作品のチューリップ画が展
示されていた。なかでもハンス・ボウレンガー（1600-72/75）が
描いた「チューリップの花束」は、ウイルス病に犯されたチュー
リップ画の傑作としての印象で観賞した。この絵は、たしかに赤
花には白斑が、黄花には赤の鮮やかなモザイク条斑が描かれてお
り、ピンクの八重咲チューリップにはモザイク条斑はみられなかっ
た。しかも、この絵は、花に光りを当てて目だち、背景はかなり
暗い感じが印象的であった。

◀ハンス・ボウレンガー
「チューリップの花束」
1639年
(アムステルダム国立
美術館蔵)

◀レンブラント「フローラ」
(エミルタージュ美術
館蔵)

92話．ブリューゲルの「チューリッポマニアの寓意画」（フランス・ハルス美術館にて）

　喧噪の町アムステルダムとは違い、ハーレムは人影もまばらで、行き交う車も少なく、中世のたたずまいを残す落着いた街であった。

　ハーレムでは、フランス・ハルス美術館を訪れ、ブリューゲルⅡ（1601-78）の「チューリッポマニアの寓意画」を観賞するためであった。この美術館は1608年に建築された養老院の建物だそうで、一部にはやや暗い感じの展示室もあった。各室には生け花が飾られ、ほのかな香りをただよわせ、観客も少なく落ち着いた雰囲気で観賞できた。

　「チューリッポマニアの寓意画」は、第34室の廊下のような、ほの暗い展示室に飾られてあった。第一印象は、小さな絵（31×59センチ）だなあということと、画面全体が暗いということであった。この絵の制作年は定かでないが、チューリップ狂時代が終息し、バブルの後遺症に苦しんでいた1640年ころの作ではないかと考えられている。この絵の暗い印象をあたえるのは、16世紀末によようやく独立を果した若い国家にとって、勤労によらず専ら投機による利益を稼ぐ風潮の時代的背景などが絵の性格をあらわしているのだろうか。この絵はチューリップ狂時代の愚かな行為を、猿の姿を借りて比喩したものである。

　この美術館は、フランス・ハルスの集団肖像画を中心に展示されているが、特にチューリップについては、一室を設け、ウェインマン花譜のチューリップ画や古典図書の展示、そして17世紀に採取されたとされる球根の付いたままのチューリップの腊葉の展示など、興味をそそり、心なごむ一時を過すことができた。

◀フランス・ハルス美術館の玄関は、養老院の建物とのことで必ずしも美術館にふさわしくなかった

▼ヤン・ブリューゲル息子の「チューリッポマニアの寓意画」

93話. チューリップ観光の聖地・
キューケンホフ公園 (リッセ市にて)

　キューケンホフ公園は、世界のチューリップ観光のあこがれの地としてオランダの球根生産の中心地リッセ市にある。私がキューケンホフ公園を最初に訪れた2000年の5月上旬は寒い朝であった。

　キューケンホフ公園には、3つの入口すなわち通称でチューリップ、ヒヤシンス、スイセンがあった。私は市内のホテルから歩いて人影も疎らなヒヤシンスの入口から入園した。入園料は1人16.5ギルダー（日本円で約800円）であった。

　公園は古い樹齢の樲の木立に池や運河をめぐらし、チューリップを中心に球根類が調和した総面積25ヘクタールの広さに、毎年600万球の球根が咲き、約8週間にわたり世界の花の愛好者を楽しませてくれる。2000年は3月23日に開園し、5月21日に閉園予定とか。

　キューケンホフ公園は、1949（昭和24）年に当時のリッセ市長と45球根業者が自慢の球根を植込むこととし、8月13日にオープンし、翌1950年3月15日に第1回展示開園している。キューケンホフ公園50周年記念誌によれば、1999年の出店業者は78社で、春の入場者数は1997年85万3000人であったと記録されている。

　ここでキューケンホフという名前の由来についてふれておこう。そもそもこのあたりの土地は、1401年から1436年にかけてはホーランド伯爵夫人であったヤコバ・ファン・バイエルン夫人の所有であったという。ここで夫人は優雅に散歩したり、狩を楽しんでおり、お城の台所キューケン（Keuken）で使う香草を摘む庭園（ホフ hof）であったことから、キューケンホフという名前が生まれた。

◀通称ヒヤシンス入口は、人影もまばらで容易に入園できた

◀公園は球根類だけでなく、池や運河の水と緑豊かな「樅」の古木が見事であった

◀公園の丘から見たリッセ市のチューリップ栽培は見事であった

94話. オランダの球根植物園 (リンメン市にて)

　私にとってオランダの球根関係施設で訪れてみたいところのひとつに、北ホーランド州のリンメン市にある球根植物園 (Hortus Bulborum) がある。その球根植物園を私が訪れたのは、2004年5月20日であった。その日は球根の開花が終り閉園していることは承知のうえで訪れ、何れまたの機会と思いつつも、それを果すことなく今日に至っている。

　当日は予想していたが、植物園の正面は堅く閉され、ほかに訪れる人もなく静寂そのものであった。植物園入口の左のフェンスにはHORTUS、右のフェンスにはBULBORUMの大きな文字がはめ込まれていた。閉されたフェンスを経て園内を見渡すことができるが、更に良く栽培の様子を見るため植物園を一周してみた。植物園の東側からは園内の様子が良く見渡され、滴花されたチューリップやヒヤシンスは緑豊かに旺盛に成育していた。植物園を一周してみて意外と面積は小さく、園内には輪作のためであろうか、不作地の草地もみられた。

　さて、当日の午後に再訪したキューケンホフ公園の売店で『球根植物園・歴史的球根の宝庫』という冊子を購入した（註、この冊子のあらましは砺波市の『チューリップ四季だより』31号から35号に掲載）。

　ところで、この植物園の始りは、1924年にリンメン小学校長のピーター・ボッシュマンが、失いかけていた古い品種を収集したことに始まり、第二次世界大戦の難を免れ、今日に至っている。2003年の保存品種数は、チューリップ1593品種、スイセン736品種、ヒヤシンス103品種、フリチラリア17品種、クロッカス49品種、アイリス22品種、合計2520品種とのことである。

球根植物園の正面入口には広場があり　左に入場券売場の建物があり右には小さな教会があった

園内は花期の終った球根類の生育は見事であった．ラベルの間隔からすると　各品種とも小量栽培であった

95話. カルロス・クルシウスの経歴の誤解を解く
（ライデン大学歴史博物館にて）

　ライデン大学歴史博物館は、私にはどうしても訪れてみたいところであった。チューリップの文化、栽培史を調べてゆく過程で、登場する人物は多いが、このなかで日本で記述されているカルロス・クルシウスの経歴の一部について諸説があって疑問なことが多く、これを解くため、この博物館の資料で確かめたかった。

　博物館へは、ライデン駅から運河沿いに歩いて 15 分位であったろうか。博物館の入口には、表札も門もなく、歩道とはフェンスで区切られていた。博物館の対応は、懇切丁寧で、2 階の奥まった一室に案内された。そこには研究者が一人いて、来意を告げたが、専門家は不在とのことで、別室から 2 冊のクルシウスの伝記書をもって来て渡された。そして、写真撮影自由、コピーも無料ということでカウンターとコピー機の所在を案内してくれた。これらの資料をもとにクルシウスの経歴をみるとこれまで日本で知られていたことと異なる幾つかの事実を知ることができた。

1）日本の図書ではクルシウスがプラハの王立薬草園長と記されているが、チェコのモラビア地方を旅行しているが、チェコには居住していないこと。

2）クルシウスはトルコに旅行し、ラッパスイセンやニオイイリス、バイモ属植物をヨーロッパに伝えたという記載があるが、そのような事実はない。

3）クルシウスはマクシミリアンⅡの庭園監督からライデン大学に招かれたとの記載も、確かウィーンに住み造園に関係はしているが、ライデン大学へは 5 年前に移住したフランクフルトからライデン大学に赴任した。

4）クルシウスは 1609 年 4 月 4 日に 83 歳で死去していること。

◀ハンガー著『カルロス・クルシウス伝記』
（1927年刊と1940年刊）

〈メモ〉
　1927年刊『カルロス・クルシウス伝記』は、その後、チューリップ文庫でも所蔵。

▼ライデン大学歴史博物館の景観

96話. ライデン大学植物園散策
（日本の植物そしてリンネとシーボルト）

　私がライデンを訪れた2000年は、日蘭交流400周年で、多彩な記念行事が行われ、日本の観光客にも便宜が図られていた。

　ライデン大学植物園は、大学本部の建物に沿った狭い通路の奥まった所にあって、都市の真中ということか、こじんまりしていた。入園料は8ギルダー（400円弱）であった。植物園に入ると温室があって多くの洋ランが咲いていた。更に進むと日本産オニグルミの巨木が目をひく。園内には、このほかケヤキ、トチノキ、イチョウ、カエデ、フジなどの巨木がそそり立っていた。これらの巨木はシーボルトが2度目の来日（1860-62）したとき持帰った種子から育てたとのことである。園内にはほかにもヤマブキ、アジサイ、アスナロ、グミ類など日本産灌木やタケ、ササ類、そして野草では、イカリソウ、ギボウシ、カンゾウ、フキ、更にシャクヤクも美事であった。

　この植物園にはライデンと深い関係のある2人の世界的な植物学者の記念碑が建立されている。その1人は分類学の始祖のカール・リンネ（1707-78）で、その分類花壇があって胸像が建っている。いま1人は日本の動植物だけでなく、広く日本文化をヨーロッパに紹介したシーボルト（1793-1866）のレリーフや胸像などがある。ただ、リンネの胸像は、見たところ表面はかなり荒れており、一部は剥落しており、歴史の重みを感じさせられた。

　私が植物園を訪れた5月4日は、植物園の催事もなく、人影もまばらで、日本のどこかの植物園に居るような錯覚のなかでひとときを過すことができた。

　なお、チューリップは池のほとりに植えられていたが、私はチューリップを見ることなくこの植物園を去った。

ライデン大学植物園には日本産植物の緑が豊かで大木はシーボルトが持ち帰った種子から育てた「ケヤキ」

▲フォン・シーボルト記念掲示版

◀カール・リンネの胸像　かなり荒れており一部は剥落

97話. 漱石がロンドンで見たチューリップ
（セント・ジェームス公園にて）

ロンドンでセント・ジェームス公園を訪れる日本人は少なくないであろう。私は約100年前の漱石が見たチューリップに思いを重ねて訪れてみたかった。

Craig 氏ニ至ル帰途、Bondo St. ヨリ Picardily ニ出テ
St.John's Park ニ至ル青キ芝ヘ中ヨリ黄ト藤色ヘ tulip
ガ「ニョキニョキ」ト出テ居ルハガ大変美シイ……

この短文は、夏目漱石が明治34年3月12日のロンドンでの日記である。公共の場である公園に無造作に珍しいチューリップの花が咲いていたのが驚きであったのかも知れない。更に3月14日に日記で再びチューリップについてふれている。

公園ニチューリップヘ咲クヘク奇麗タ其傍ヘロク白ニ
非常ニ汚苦シイ乞食ガ昼寝ヲシテ居ル大変ナ Contrast
タ゛

これらの記述は、わが国の文化人でチューリップについてふれた最初の記載ではなかろうか。

明治34年のわが国でのチューリップは開花ままならない西洋草花で、和名の鬱金香と呼ばれチューリップという名前は、まだあまり知られていなかった。チューリップが英語由来の名前が用いられるようになった背景を、この日記から読みとることができないであろうか。

私は漱石の日記と同じように、ピカデリーから歩いてセント・ジェームス宮殿の側を通ってセント・ジェームス公園を訪れた。公園には柔かい日差のなかで、多くの老若男女が芝生やベンチで日光浴をするのどかな風景であった。もちろん乞食の姿などどこを探しても見当たらない。漱石がこの公園でチューリップを見た

のは3月中旬で、私はそれよりも2ヶ月ほど遅い5月上旬である。芝生にはデージーが可憐な花を咲かせ、花壇のチューリップは開花期がすぎて子房が肥大しつつあった。私は漱石の見た公園をイメージすることができなかった。約100年の時の流れが、そうさせたのかも知れない。

◀公園の玄関は昔のままなのだろうか

◀芝生にはところどころデージーが咲き日光浴する人達がみられた

◀公園を散策すると花壇のチューリップは花期がすぎていた

98 話．ゲスナーが描いた世界で初のチューリップ彩色画（エルランゲン大学図書館にて）

　16 世紀半ば世界で最初にチューリップを学術的に記載したスイスの博物学者のコンラート・ゲスナー（1516-65）は、世界で初のチューリップ彩色画も描いている。

　この彩色のチューリップ画は、ドイツのエルランゲン大学図書館に所蔵されている。私は 2006（平成 18）年 7 月 6 日にエルランゲン大学図書館を訪れ、直にゲスナーが描いたとされる彩色チューリップ画を観賞させてもらった。

　エルランゲンはニュールンベルグ中央駅から電車で約 15 分の郊外で、大学は街のほぼ中央にあって、大学植物園を中心にして各学部が点在していた。大学図書館の貴重品を保管する建物は、施錠されており、予約してなかったため入館に若干の時間を要した。パスポートで身分を確認され、所属大学を尋ねられたが、在野のチューリップ研究者ということで、それ以上は尋ねられなかった。そこで、2 階の僅かばかりの閲覧席に特別の閲覧台を設け、ゲスナーが描いた赤花と黄花の 2 枚のチューリップ画と 3 冊の解説書、白手袋 1 双と鉛筆が提供された。閲覧席での会話は禁じられた。

　赤花チューリップ画はクルデスタニックチューリップ（1992 年、S.Segal）とか呼ばれるもので、原画は縦 25 センチ横 21 センチで、台紙に貼られてあった。若干の黄ばんだ染みは見られたが、約 450 年を経て、なお鮮やかな色彩に感動させられた。なお、この絵の余白には多くのメモ書があるが、私は解読できなかった。黄花のチューリップ画は、ウッドチューリップ（S.Segal）とよばれており、おそらくシルベストリス種と私には思われた。

　なお、これらの彩色画はゲスナーが出版を計画し、千数百枚の絵を収集していたなかのもので、長く所在不明であったが、1929

年に同図書館の屋根裏部屋で発見されたものである。この絵のＣＤロームを 12.5 ユーロで購入し、「エルランゲン大学図書館蔵」の記載を条件に転載等の許しを得ることができた。

エルランゲン大学図書館は２棟あってこの建物は貴重資料を保管しており常時施錠されている．出入り自由な図書館は道路の斜め向いにある

◀観賞したゲスナーが描いた彩色のクルデスタニックチューリップ画

ゲスナーが集めた植物画のウッド（ナルサス）チューリップ画▶

99話. イスタンブールのチューリップ
（トプカプ宮殿とエミルガン公園にて）

　オスマントルコの時代にチューリップの栄えたイスタンブールでは、いまどのようなチューリップの面影を残してあるであろうか、訪れてみたいところであった。

　私は、2005（平成17）年4月6日夜8時すぎイスタンブールのアタチュルク国際空港に降り立った。そしてイスタンブールで最初に目にしたチューリップは、市内に通ずる電車の対面分離帯に延々と続くコンクリートプランターに咲く赤いチューリップ（品種不詳）であった。ここに咲くチューリップは、草丈が低く矮小で、根元の雑草は、あたかも敷草のように枯れかけており、意外でもあり、驚きでもあった。

　イスタンブールの降水量を理科年表で調べると、春先からの雨量はごく少なく、生育期には大水飲のチューリップには必ずしも適地ではないようである。おそらくオスマントルコ時代にチューリップが珍重されたのは、スルタンの趣味と財政力がさせた徒花であったのだろうか。かつての面影を求めトプカプ宮殿を訪れてみたが、敬礼門を抜けた中庭の歩道のコンクリートプランターに、わずかばかりの弱りかけたチューリップが見られただけであった。そして宝物展示館にかつてのチューリップの面影を展示品の中に見ることができるだけであった。

　イスタンブールでのチューリップの名所とのことで、エミルガン公園を訪れてみた。ここでは、たしかに実に多くのチューリップが林間などに植栽され、品種ラベルも的確であったが、やはり草丈はやや低かった。

　イスタンブールを去るにあたり、ラーレリ・ジャミー（チューリップモスク）を訪れてたが、中庭にはユリ咲き系チューリップのモ

ニュメントがあり、ドームの内部にはチューリップ紋様の絨毯が全面に敷れており、ここだけはチューリップの面影が色濃く残っていた。

◀空港から市内への電車の中央分離帯のコンクリートプランターに咲くチューリップ

◀エミルガン公園のメリーウイドウの草姿は小ぶりであった

◀ラーレリ・ジャミー（チューリップモスク）のドームのチューリップ紋様絨毯

100話．クレタ島の野生チューリップ
（レティムノン県スピル市近郊にて）

　私は、長年の念願かなって、2005（平成17）年4月14日から5日間、クレタ島の各地で花々を観察し乍ら野生チューリップを探索した。

　まず、イラクリオンのクレタ大学自然史博物館でチューリップ自生地の情報収集を試みたが、野生蘭の情報はあったが、チューリップについては関心がなく、僅かにイラクリオン県カト・アステス（Kato Asites）附近にもしかするとの情報であった。カト・アステス集落で写真を見せて尋ねてみたが、チューリップ情報は皆無であった。そこで峠を越え、悪路に悩まされ乍らイデオン・アントロンまで踏査し、花観察を続けたが、チューリップは発見されなかった。更に、ステアを経てイタノス海岸、更にラッシティ県では春爛漫の多くの花を観察したが、チューリップの自生地は見ることができず、島の南部では成果はなかった。

　コフィナス山塊にベイケリ種の自生があるとの不確かな情報があったが、立寄らなかった。そして、私は漸く、レティムノン県スピル近郊で、オルファニデア種の自生地3カ所を訪れることができた。

　第1の場所は、街はずれからパストス集落への途中で、低山帯に続く約1ヘクタールほどの湿潤な草地で、境界には幅2メートル位の小川が流れていた。ただ、当日はシロッコの砂ぼこりで、視界がなく幻想的な光景であった。

　第2第3の場所は、ホテルの女主人の紹介で街の食料品の店主ステファノ氏の案内で訪れた。いずれも低山帯の湿潤な草地で、第3の場所は、緩傾斜の窪地であった。第2、第3の自生地は、地元の人の案内なしでは訪れることのできない場所と思われた。

244

スピル近郊のオルファニデア種の自生地，湿潤な約1ヘクタールの草地に黄花の菊科植物と共生していた

食料品店主のステファノ氏に案内されたオルファニデア種の自生地

〈品種の記憶　10〉
アンジェリケ　Angelique.DL.1959.
── 乱舞する天使達を誘うかのように咲き誇っていた ──
（チューリップ文庫コレクション。2006.5. 新潟市小針西にて）

〈品種の記憶　11〉
ピンク ダイアモント　Pink Diamond.SL.1976.
——晶子のいう「やわ肌」を連想させる色彩で咲いていた——
（チューリップ文庫コレクション）

私のチューリップ回想──あとがきにかえて

　チューリップは、今では子供からお年寄まで、誰にでも知られたごく有り振れた花である。このチューリップが、世界の園芸史に登場して、おおよそ四百五十年を経過している。この間の歩みをたどると、実に多くのチューリップにまつわる物語があり、文化史の物語には事欠かない花である。

　このチューリップが、わが国に初めて渡来したのは幕末で、比較的新しい花である。今でこそよく知られた花であるが、当初は、その生理生態もよく分らず、大正の半ばに新潟県に球根生産が立地するまでは、美しく、珍しい花ではあるが、毎年咲かせ続ける球根をもとめることの難しい西洋草花であった。

　このチューリップに私が初めて出合ったのが、今から約65年前の1950（昭和25）年にさかのぼる。当時のチューリップは、不足する外貨獲得のための輸出農産物として脚光をあびつつあって、かつて新潟大学農学部のあった新潟市河渡の春には、チューリップやアイリスが爛漫と咲き誇っていた。このような時代的な背景もあって、私が在学していた新潟大学農学部でも、園芸学教室では、研究テーマとして、文部省科学研究費の助成をうけて「輸出球根に関する研究」であった。そこで、私は卒業論文で、チューリップ研究の一端を担当させてもらった。論文は、園芸学会昭和29年秋季大会で発表し、園芸学研究集録第7輯及び、輸出球根に関する研究（ともに1955年刊）に所収されている。

　私は、1953（昭和28）年に新潟県に採用され、農業行政事務に従事したが、昭和33年の花卉球根検査条例の施行時には、検査員として3か年ばかり臨時に動員されたことはあるが、昭和50年代の終りまで技術研究はもとより、チューリップ行政事務を担当することはなかった。しかし、職業としてではなく、つれづれに、チューリップの主に文化史

について調査研究を続け、かたわら、郷里の新潟県の園芸の歩みをたどり、請われるままに、資料を提供し、講話し、そして、取材に協力し、ときには記述し寄稿してきた。以下は、そのあらましである。

- チューリップの施肥に関する研究Ⅰ。1955（昭和30）年、園芸学研究集録第7輯、共著所収。
- チューリップの育種学研究。1955（昭和30）年、輸出球根に関する研究、共著所収。
- チューリップ球根に関する資料。1957（昭和32）年、新潟県農業改良課刊。
- 球根栽培と肥料問題。昭和32年、園芸学会花卉部会シンポジウム。（鳥取市）司会穂坂八郎教授のパネリストとして参加。
- 日本のチューリップ生産上の諸問題。1957（昭和32）年、園芸学会秋季鳥取大会の座談会。座長遠山正瑛教授に参加。砂丘研究4（1）所収。
- チューリップ物語。1966（昭和41）年4月、新潟日報夕刊紙に7回連載。
- 球根類の隔離検疫制度の存続を農水省に要請。1986（昭和61）年（5月13日）新潟、富山県の行政と球根農協合同で担当の畑中農産園芸局次長へ。
- 新潟県におけるチューリップ球根生産の歴史。1986（昭和61）年、志佐誠先生追悼記念出版「園芸研究からバイテクの基礎づくり」所収。
- 随想『いのちとこころの産業』日本農業新聞新潟県版。1987（昭和62）年1月14日。
- 園芸雑記帳（新潟県園芸史略年表）にいがたの園芸（新潟県経済連刊）。1991（平成3）年1月号から1995（平成7）年8月号に4年8ヶ月（56回）連載。
- にいがたチューリップ物語（リーフレット）。1991年、新潟県農産物総合求評宣伝会。
- チューリップ栽培発祥の地・新潟。1995（平成7）年、新潟大学農学

部フォーラム。新潟の花・過去・現在・未来。資料所収、講話。

◦ 新潟チューリップ物語。1996（平成 8）年、新潟県情報誌「あかねいろ」7 号所収。

◦ 私のチューリップ物語。1996（平成 8）年（12 月 6 日）、新潟県土壌肥料懇話会での講話。

◦ チューリップ栽培誌――略年表とノート。1996（平成 8）年、新潟 アグロノミー第 32 号所収。

◦ チューリップ栽培誌ノート。1997（平成 9）年、チューリップ文庫刊。

◦ チューリップ物語。1997（平成 9）年、'97 新潟市チューリップ散歩。原案協力。

◦ 東洋一の花園・新潟農園物語。1997（平成 9）年（10 月 29 日）、新潟市中地区公民館、高砂大学。講話と資料提供。

◦ 新潟新発見の旅・豊かな風土と先覚者の情熱が育てたチューリップ。1998（平成 10）年新潟県民だより 4 月号。原案協力。

◦ ひと・まち・20 世紀、風土にマッチ・生産量伸ばす県花チューリップ。1998（平成 10）年、新潟日報 8 月 1 日、取材協力（渡辺英美子学芸部長）。

◦ お仕事の森・チューリップ㊤㊦。1999（平成 11）年、毎日新聞新潟県版 2 月 24 日 26 日、取材協力（平本英治記者）。

◦ チューリップ文化・栽培誌の研究。2000（平成 12）年、私蔵版 20 部（次著の原本）。

◦ チューリップ鬱金香）――歩みと育てた人たち。
2002（平成 14）年、チューリップ文庫刊、農文協発売。

◦ 新潟の園芸史〜花物語 10 話。2002（平成 14）年 12 月 1 日、新潟県立植物園、花と緑の教室。講話と資料提供。

◦ チューリップの生産量が全国一なのはなぜ。2003（平成 15）年 3 月 1 日、朝日新聞新潟県版。取材協力（三島豊弘記者）。同年『新潟の はてな？』として単行本。

◦ チューリップ解説。2003（平成 15）年（3 月 30 日）、ＮＨＫ新クイズ

日本人の質問・花特集。

- 功労賞を受賞。2003（平成15）年5月20日、新潟県花卉球根農協創立50年記念式典。組合と県花卉園芸発展に寄与したとして豊島組合長から。
- チューリップの歩みを探る。2004（平成6）年4月、第9回国際花卉球根シンポジウム。於新潟市。講話と資料提供。
- 第2回新潟の園芸史——主として花の歩を探る。2005（平成17）年2月20日、新潟県立植物園、園芸植物文化講座。講話資料提供。
- 花の文化史（チューリップを中心として）を読み解く。2008（平成20）年3月14日、第31回 Hortus——植物と文化を考える会。講話と資料提供。
- 江戸時代のチューリップ。2008（平成20）年、彷書月刊、平成20年3月号所収。
- 小山重小伝——わが国チューリップ栽培の先覚者。2008（平成20）年チューリップ文庫刊。
- チューリップ鬱金香II——文化史研究ノート。2014（平成26）年未刊。
- 新潟大学山の会創立から50年・チューリップの雑纂の出版まで。2015（平成27）年、飯豊12号新潟大学山の会刊所収。

　私は新潟県を退職する前の昭和59年から4カ年間を県の園芸行政全般の実務を所掌することとなった。今にして思えば、あのころのチューリップに係わる出来ごとは、チューリップにとって大きな変革の前触れであった。それは、昭和61年には、27年間続けてきた新潟県花卉球根検査条例を廃止し、民営検査に移行させた。また、昭和60年代は、新潟県のチューリップ切り花生産が、12月出荷の超促成栽培の成功により、全国一の産地となる基礎固めの時代で、各種助成策を講じた思い出もある。しかし、一方でチューリップ球根生産では、戦後の昭和25年から続けてきた国の球根類の隔離検疫制度が昭和63年から緩和される

こととなり、結果として、チューリップなどの球根類は輸入が自由化されることとなった。私は球根産地の行政事務担当者として対応に腐心した思い出がある。輸入の自由化の当初は、影響はさしたることはなかった。しかし、対象品種の増加とともに国内の球根生産は圧迫されて、かつての産地を再訪してみると、その衰退ぶりを目の当たりにして、感無量のものがある。

　さて、私は1997（平成9）年7月に、これまで収集してきたチューリップ関係資料文献を保存し、その利用に供するほか、文化遺産として後世に伝えるため、「チューリップ文庫」を設立した。そして、収集した資料文献をもとに、文化栽培史の「チューリップ鬱金香」、副題として「歩みと育てた人たち」にまとめ、2002（平成14）年11月にチューリップ文庫から出版し、農山漁村文化協会から発売してもらった。この著作では事象は想定されるが、確たる当時の資料を欠けるため、記述を断念した項目も少なくなかった。そして、この著作の出版後の資料探索で、チューリップの文化史の空白部分をかなり埋める新資料を明らかにすることができた。そして、ここに「チューリップ鬱金香Ⅱ」、副題「文化史研究ノート」にまとめることができた。しかし、残念なことに転載した写真などの著作権許諾の関係などがあって、いまもって未刊のままである。

　そこで、これまで収集した写真などで、著作権許諾をクリアできるものを活用し、「チューリップよもやま話」として100話にまとめたのがこの雑纂である。この著作では、なるべく人物を中心に写真などで補完することとして、衰退しつつあるチューリップ球根生産の墓碑銘としての意味合もかねることとした。ただ、話題はかなり端折りまとめてあるので言葉足らずで誤解を与えるのではと危惧している。

[著者略歴]
小田川綾音（おだがわ あやね）
弁護士。1981年神奈川県出身。早稲田大学法学部卒、神奈川大学法科大学院修了。民事・家事全般、企業法務、在留資格・帰化など入管・国籍関連の法務に幅広く対応するほか、難民や無国籍者の支援に携わる。

無国籍者として17年のヨーロッパ放浪の末、2010年5月、ルーベン氏は日本にたどり着いた。しかし、ホームレス状態は日本でも変わらず、生命の危機にも脅かされた。

そして、2020年1月、彼は日本での在留資格を求め、東京高裁の法廷に立ち、著者はその判決を共に聞く。

前例に無い判決を覆した。
1人の難民の命にかかわる判決。
その裁判の結果は？

ルーベンです、私はどこで
生きればよいのでしょうか？

小田川綾音
定価（本体2,000円+税）
西田書店

〒101-0051
東京都千代田区神田神保町2-10-31 IWビル4階
TEL：03-3261-4509　FAX：03-3262-4643
ISBN 978-4-88866-703-6　C0036　¥2000E

注文書

冊

番線印

メディア掲載情報

4月28日付 東京新聞

特集記事 掲載されます！
こちら特報部

本書について、東京新聞より著者とルーベン氏が取材受けました。
TBS「報道特集」をはじめ、他メディアにも取材・特集予定。

ルーベンです
私は、どこで生まれればよいのでしょうか？

小田川綾音

無国籍で15カ国を彷徨い、未来を求めた難民の記録

四六版　284ページ●定価：（本体2,000円＋税）

謝 辞

　この雑纂のまとめにあたったは、これまでの資料の収集などで、実に多くの方々にお世話になった。ここでは貴名の掲載を省略したが、深く感謝しております。

　なお、この雑纂の上梓にあたっては西田書店の日高徳迪氏、ふくべ書房の奥村修一郎氏からはひとかたならぬご高配を頂きました。記して厚くお礼を申上げます。

平成29年早春の候

〈著者紹介〉

木村敬助 (きむら けいすけ)

1930年、新潟県に生まれる。

1953年、新潟大学農学部農学科卒業。

同年、新潟県農林部に採用、農業行政事務
に従事。

1988年、農林水産部参事で退職。

1997年、チューリップ文庫設立し代表。
チューリップの著作に『チューリップ鬱金香
――歩みと育てた人たち』(2002年刊・農文協
発売)、『小山重小伝――わが国チューリッ
プ栽培の先覚者』(2008年・チューリップ文
庫刊) など。

ニックネームはオンケル。

チューリップよもやま話

2017年5月15日初版第1刷発行

著　者　木村敬助

発行者　日高徳迪
組　版　信藤幸雄
印　刷　平文社
製　本　高地製本所

発行所　株式会社西田書店
〒101-0051　東京都千代田区神田神保町2-34　山本ビル2F
Tel 03 (3261) 4509　Fax 03 (3262) 4643
http://www.nishida-shoten.co.jp
©2017 Keisuke Kimura Printed in Japan
ISBN 978-4-88866-613-8